草木南粤

吴健梅 ◎ 主编

园林篇

Caomu
Nanyue

SPM 南方出版传媒
广东科技出版社 | 全国优秀出版社
·广州·

图书在版编目（CIP）数据

草木南粤.园林篇/吴健梅主编.—广州：广东科技出版社，2019.12

ISBN 978-7-5359-7257-6

Ⅰ.①草… Ⅱ.①吴… Ⅲ.①园林植物—介绍—广东 Ⅳ.① Q948.526.5

中国版本图书馆 CIP 数据核字（2019）第 191756 号

出 版 人：	朱文清
责任编辑：	李　旻
装帧设计：	友间设计
责任校对：	陈　静
责任印制：	林记松
出版发行：	广东科技出版社
	（广州市环市东路水荫路 11 号　邮政编码：510075）
销售热线：	020-37592148 / 37607413
http：	//www.gdstp.com.cn
E-mail：	gdkjzbb@gdstp.com.cn（编务室）
经　　销：	广东新华发行集团股份有限公司
印　　刷：	广州市岭美文化科技有限公司
	（广州市荔湾区花地大道南海南工商贸易区 A 幢　邮政编码：510385）
规　　格：	787mm×1 092mm 1/16　印张 15.75　字数 300 千
版　　次：	2019 年 12 月第 1 版
	2019 年 12 月第 1 次印刷
定　　价：	98.00 元

如发现因印装质量问题影响阅读，请与广东科技出版社印制室联系调换（电话：020-37607272）。

致谢

书中的部分照片由以下朋友提供,在此表示诚挚感谢,他们是:

钟智明　程丽艳　蒋华平
黄向旭　谢先莉　黄俊军
袁华炳　吴侃侃　钟建平
王文卿　南兆旭　包厚甲

前言
Preface

我国花卉栽培历史悠久，远在春秋战国时期就有花木栽培的记录。自古以来，观赏性和装饰性一直都是花卉价值取向的主要内容，被广泛地用于美化环境和装饰空间，成为体现一个城市或者一个地区园林水平和艺术水平的标志。

近几十年来，在原有本土栽培植物的基础上，广东省相关园林部门从外国引进大量的观赏植物，不仅有观

花植物、观叶植物，还有观果植物等，壮大了整体植物队伍。2006年中国科学院华南植物研究所叶华谷教授编写的《广东植物多样性编录》中记录了维管束植物7 700种，其中栽培植物约有1 500多种，约占总数的20%。

物种引进来自不同的国家或地区，但相关的物种资料介绍并没有跟随引进的步伐同时翻译过来并科学普及到广大群众中，使广大群众对栽培植物特别是外来物种缺乏深度和正确的认识。

本册园林植物部分，共精选出200多种广东省内常见园林栽培植物（含栽培变种），汇集全株、花、叶、果、种子或者其他特征图片，以及介绍该物种的形态特征、原产地、用途等，力求让植物爱好者、生态爱好者及使用者更好、更全面地认识广东常见园林栽培物种。该书使用的是恩格勒分类系统，按照植物的生活型分成乔木、灌木、草本、藤本四类进行编写。

在编写过程中，从照片的收集准备到植物图片种名鉴定、拉丁学名校正等系列工作，得到了许多花友的帮助，在此表示感谢，特别感谢中国科学院西双版纳植物园谭运洪老师、中国科学院华南植物研究所叶华谷老师、紫金白溪省级自然保护区钟智明老师、仙湖植物园黄义钧老师及香港嘉道理农场暨植物园张金龙博士等人的帮忙，以及黄向旭老师、蒋华平老师、袁华炳先生在照片提供上的鼎力支持。同时也感谢广东科技出版社给我机会，让我得以借此分享十年所积累的植物图片及拍摄心得。

由于本人水平有限，繁忙工作之余编写，时间较紧，斟酌推敲方面显得不足，书中难免有疏漏和错误之处，恳请广大读者批评和指正。

编者　吴健梅
2019.1.20

CONTENTS

目录

植物基础知识介绍　/ 001

乔木

糖胶树　/ 008	火焰树　/ 027
鸡蛋花　/ 009	吊灯树　/ 028
黄花夹竹桃　/ 010	大花五桠果　/ 029
朴树　/ 011	血桐　/ 030
毛果杜英　/ 012	秋枫　/ 032
水石榕　/ 013	石栗　/ 033
阴香　/ 014	细叶桉　/ 034
樟　/ 015	蒲桃　/ 035
鱼木　/ 016	洋蒲桃　/ 036
白兰　/ 019	番石榴　/ 037
木棉　/ 021	串钱柳　/ 038
美丽异木棉　/ 022	黄金香柳　/ 039
黄花风铃木　/ 023	白千层　/ 040
蓝花楹　/ 024	复羽叶栾树　/ 041
猫尾木　/ 025	苹婆　/ 042
火烧花　/ 026	扁桃　/ 043

1

人面子　/044
荔枝　/045
阳桃　/046
铁冬青　/048
大花紫薇　/049
海南红豆　/050
羊蹄甲　/051
红花羊蹄甲　/053
洋紫荆　/054
鸡冠刺桐　/055
凤凰木　/056
台湾相思　/058
大叶相思　/059
马占相思　/060
银合欢　/061
南洋楹　/062
黄槐决明　/063
腊肠树　/064
紫檀　/065
盾柱木　/066
小叶榄仁　/067

澳洲鸭脚木　/068
幌伞枫　/069
木麻黄　/070
苦楝　/071
麻楝　/072
非洲楝　/073
菲岛福木　/075
波罗蜜　/077
榕树　/078
黄葛榕　/079
高山榕　/080
垂叶榕　/081
印度榕　/082
菩提树　/083
蒲葵　/084
椰子　/085
王棕　/086
霸王棕　/087

狐尾椰　/088
银海枣　/089
短穗鱼尾葵　/090
红刺露兜树　/091
异叶南洋杉　/092
落羽杉　/093
池杉　/094
罗汉松　/095
竹柏　/096
苏铁　/097
银杏　/098

CONTENTS

目录

灌木

夹竹桃 / 102
黄蝉 / 103
软枝黄蝉 / 104
重瓣狗牙花 / 105
基及树 / 106
红果仔 / 107
黄脉爵床 / 108
蓝花草 / 109
鸡冠爵床 / 110
金苞花 / 111
可爱花 / 112
小驳骨 / 113
金凤花 / 115
朱缨花 / 116
双荚决明 / 117
翅荚决明 / 118
龙船花 / 119
红纸扇 / 120
希茉莉 / 121
假连翘 / 122

马缨丹 / 123
臭牡丹 / 124
冬红 / 125
赪桐 / 126
一品红 / 128
铁海棠 / 129
琴叶珊瑚 / 130
变叶木 / 131
红背桂 / 132
使君子 / 133
木犀 / 134
小蜡 / 136
茉莉花 / 137
尖叶木犀榄 / 138
含笑花 / 139
夜香树 / 140
大花鸳鸯茉莉 / 141
灰莉 / 142
米仔兰 / 143

九里香 / 144
木芙蓉 / 146
木槿 / 147
朱槿 / 148
紫薇 / 150
细叶萼距花 / 151
虾子花 / 152
阔叶十大功劳 / 153
南天竹 / 154
巴西野牡丹 / 156
锦绣杜鹃 / 157
叶子花 / 158
红花檵木 / 160
海桐 / 161
爆仗竹 / 162
斑叶鹅掌藤 / 163
八角金盘 / 164
棕竹 / 165
散尾葵 / 167

草本

韭兰 /170
葱兰 /171
水鬼蕉 /172
文殊兰 /173
红花文殊兰 /174
朱顶红 /175
射干 /176
巴西鸢尾 /178
南美蟛蜞菊 /179
秋英 /181
孔雀草 /182
再力花 /183
水烛 /184
金边虎尾兰 /185
龟背竹 /186
春羽 /187
海芋 /188
花烛 /190
合果芋 /191

大薸 /192
蜘蛛抱蛋 /193
凤眼莲 /195
银边山菅兰 /196
吊兰 /197
长春花 /198
马利筋 /199
花叶艳山姜 /200
香彩雀 /201
蓝猪耳 /202
大花芦莉 /203
蕉芋 /204
旅人蕉 /205
鹤望兰 /206
地涌金莲 /207
一串红 /208
彩叶草 /209
蔓花生 /210

醉蝶花 /211
凤仙花 /212
非洲凤仙花 /213
鸡冠花 /214
红龙草 /215
花叶冷水花 /216
四季秋海棠 /217
莲 /218
露兜草 /219
粉单竹 /220
地毯草 /221
风车草 /222
巢蕨 /223
肾蕨 /225

CONTENTS
目录

藤本

鸡蛋果 /228

炮仗花 /229

凌霄 /230

蒜香藤 /231

山牵牛 /232

异叶地锦 /233

紫藤 /235

红萼龙吐珠 /236

麒麟叶 /237

植物基础知识介绍

检索顺序

乔木

植株一般高大，主干显著而直立，在距离地面较高处的主干顶端，由繁盛分枝形成广阔树冠的木本植物，如木棉、松树、樟树等。

灌木

植株较为矮小，无明显主干，近地面处枝干丛生的木本植物，如朱槿、杜鹃花、茉及树等。

草本

茎内木质部不发达，木质化组织较少，茎干柔软，植株矮小的植物，如朱顶红、凤眼莲、凤仙花等。

藤本

茎干细长不能直立，匍匐地面或攀附他物而生长的，统称为藤本植物，如凌霄、鸡蛋果、炮仗花等。

花的结构制作：**温健仪**　　叶的基础知识图绘制：**杨启尧**　　花序、果实、根、茎图绘制：**张茗烨**

常用植物术语图解

1. 花的基础知识

（1）完全花的结构图

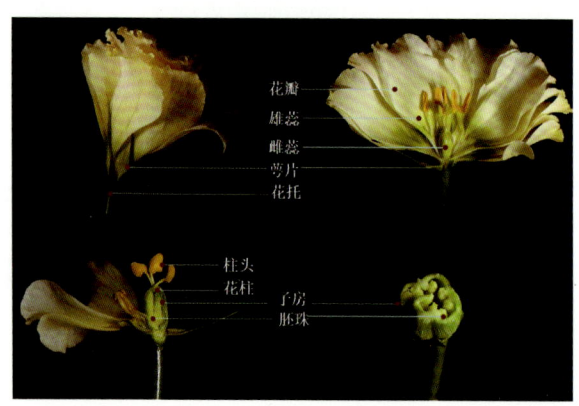

雄蕊：花的雄性生殖器官，由花药和花丝组成。

雌蕊：花的雌性生殖器官，典型的由柱头、花柱和子房组成。

花瓣：花冠的单个裂片或部分，常有色或白色。

花托：着生花部器官的花梗部分。

（2）花序图

总状花序

穗状花序

柔荑花序

伞房花序

头状花序

圆锥花序

伞形花序

二歧聚伞花序

2. 叶的基础知识

（1）叶的结构图

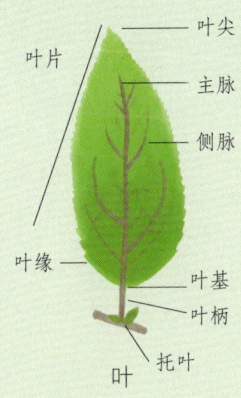

叶尖：距叶着生点最远的位点。
叶缘：叶片的边缘。
叶柄：叶的柄。
托叶：某些叶柄基部成对的叶状附属物。
主脉：网状脉的叶片中，叶片中央自叶柄至叶端的一条茎脉。
侧脉：网状脉的叶片中，从主脉分出的叶脉。
叶基：叶片的基部。

（2）叶型图

单叶　　　　掌状复叶

奇数羽状复叶　　偶数羽状复叶

二回偶数羽状复叶　　三回奇数羽状复叶

（3）叶序图

交互互生　　二列状互生　　簇生

交互对生　　二列状对生　　轮生

莲座状集生　　成束簇生

植物基础知识介绍　003

（4）叶形图

针形　椭圆形　倒心形　羽状裂
渐尖　镰状　倒卵形　肾形
尾尖　扇形　卵圆形　菱形
心形　戟形　圆形　匙形
楔形　按针形　卵形　矛形
三角形　线形　掌状　钻形
指状　浅裂　鸟趾状　截形

（5）叶缘图

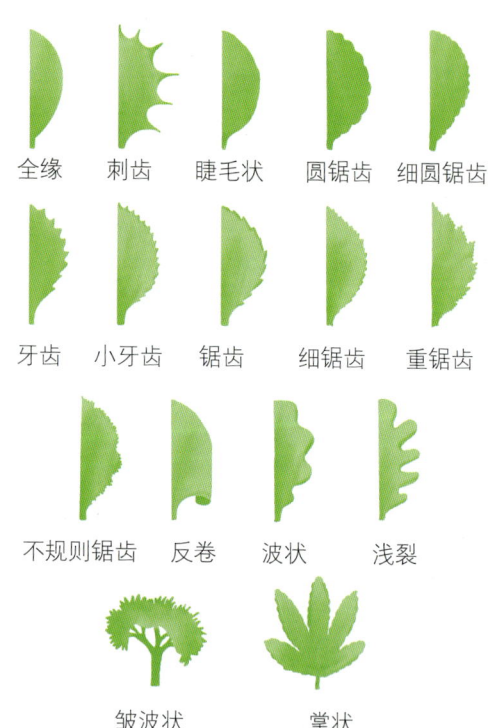

全缘　刺齿　睫毛状　圆锯齿　细圆锯齿
牙齿　小牙齿　锯齿　细锯齿　重锯齿
不规则锯齿　反卷　波状　浅裂
皱波状　掌状

3. 果实的基础知识

长角果（芥蓝）　盖果（马齿苋）　蒴果（榴梿）　坚果（板栗）　瘦果（葵花子）　翅果（复叶槭）　蓇葖果（八角）　聚合果（草莓）

双悬果（当归）　节荚果（紫荆）　荚果（豌豆）　浆果（葡萄）　核果（李子）　梨果（苹果）　聚花果（菠萝）　瓠果（西瓜）

4. 根的基础知识

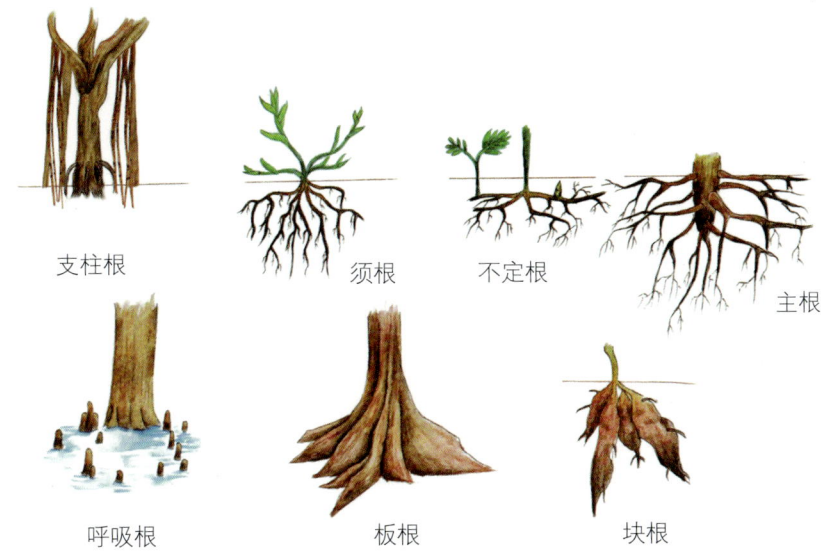

支柱根　须根　不定根　主根

呼吸根　板根　块根

5. 茎的基础知识

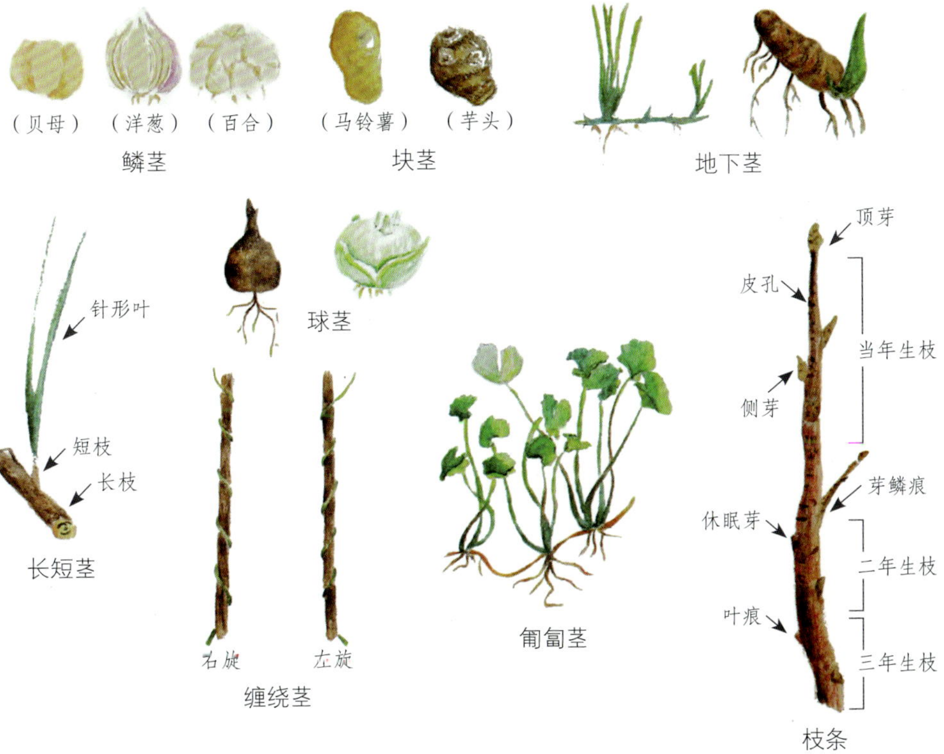

（贝母）（洋葱）（百合）
鳞茎

（马铃薯）（芋头）
块茎

地下茎

针形叶　短枝　长枝
长短茎

球茎

右旋　左旋
缠绕茎

匍匐茎

顶芽　皮孔　当年生枝　侧芽　芽鳞痕　休眠芽　二年生枝　叶痕　三年生枝
枝条

植物基础知识介绍　005

乔木

草木南粤（园林篇）

QIAOMU

糖胶树

别　名 灯架树、面条树、盆架子
科　属 夹竹桃科鸡骨常山属
拉丁学名 *Alstonia scholaris* (L.) R.Br.

蓇葖果

全株

茎

乔木，具乳汁。叶轮生，倒卵状圆形、倒披针形或匙形。聚伞花序，顶生；花白色，花冠高脚碟状，花冠裂片向左覆盖。蓇葖果细长，线形。花期6—11月，果期10月至翌年5月。多生于低丘陵山地疏林中、路旁或水沟边。分布于广西、云南。不少南方城市常作园林绿化树和行道树。

乳汁是制作口香糖的原料，故名"糖胶树"。糖胶树的花盛开时，散发出一阵阵浓郁的气味，夜间尤其浓郁，长时间会令人有不适感。

花

花

鸡蛋花

别　名　缅栀子、蛋黄花、鹿角树
科　属　夹竹桃科鸡蛋花属
拉丁学名　*Plumeria rubra* 'Acutifolia'

鸡蛋花属Plumeria是源于法国旅行家和植物学家Charles Plumier（1646—1704）的名字。

小乔木，全株有乳汁。叶互生，厚纸质，矩圆状椭圆形或矩圆状倒卵形。聚伞花序顶生；花萼5裂；花冠白色黄心，向左覆盖。蓇葖果双生，叉开，长圆体形。花期3—9月，果期6—12月，栽培极少结果。原产墨西哥。我国南方各省区均有栽培。

鸡蛋花是红鸡蛋花 *P. rubra* L.的栽培种，作为园林植物广泛种植，也是西双版纳佛教中的"五树六花"之一，常种植于寺庙庭院前。鸡蛋花晾干后可以用来煮茶，有清热下火之功效。

全株

乳汁

蓇葖果

红鸡蛋花

乔木·009

花

黄花夹竹桃

别　　名　酒杯花
科　　属　夹竹桃科黄花夹竹桃属
拉丁学名　*Thevetia peruviana* (Pers.) K. Schum.

黄花夹竹桃属 Thevetia 是源于法国僧侣 Andre Thevet（1502—1592）的名字。

小乔木，具乳汁。单叶互生，条形或条状披针形，无毛。聚伞花序顶生，有花2~6朵；花萼5深裂，绿色；花冠黄色，漏斗状，花冠裂片5枚，向左覆盖。核果扁三棱状球形；种子两面凸起，坚硬。花期5—12月，果期8月至翌年3月。原产美洲热带地区。我国南方各省有栽培。

果实　　　栽培变种：红酒杯花

乳汁、种子、花、根和茎皮均有剧毒，人畜误食，足以致死。果仁供药用，有强心、利尿、催吐作用；种子油可供制肥皂等。

红酒杯花 *Thevetia peruviana* (Pers.) K. Schum cv. Aurantiaca 是黄花夹竹桃的栽培变种，颜色橙黄色。

种子

朴树

别　　名	小叶朴
科　　属	榆科朴属
拉丁学名	*Celtis sinensis* Pers.

全株

叶片

冬天落叶前

落叶乔木。叶革质，宽卵形至狭卵形，中部以上边缘有浅锯齿，三出脉。花杂性（两性花和单性花同株）；花被片4，被毛。核果近球形，红褐色。花期3—4月，果期9—10月。生于路旁、山坡、林缘。分布于河南、山东、长江中下游和长江以南各省区。现作为园林植物种植。

朴树的叶片非常有特色，以中脉为对称轴，左右两侧大小是不均衡的，一边大，一边小。皮部纤维为麻绳、造纸、人造棉的原料；果榨油作润滑剂。

果实

毛果杜英

别　名 尖叶杜英、长芒杜英
科　属 杜英科杜英属
拉丁学名 *Elaeocarpus rugosus* Roxb.

杜英属Elaeocarpus是希腊语elaion（洋橄榄）+karpus（果），指果实的形状似洋橄榄。

常绿乔木，根基部有板根。叶革质，倒卵状披针形。总状花序下垂，花瓣白色，倒披针形，先端7~8裂。核果椭圆形，表面密被淡褐色茸毛。花期4—5月，果期6—11月。生长于低海拔的山谷。分布于云南、海南。我国南方常见栽培，为优良的园林绿化树和行道树。

毛果杜英开花时繁花拥簇，十分美丽，流苏状花朵层层叠叠，具有很高的观赏性。种子坚硬，可以用来加工做饰品。

花

果实

全株

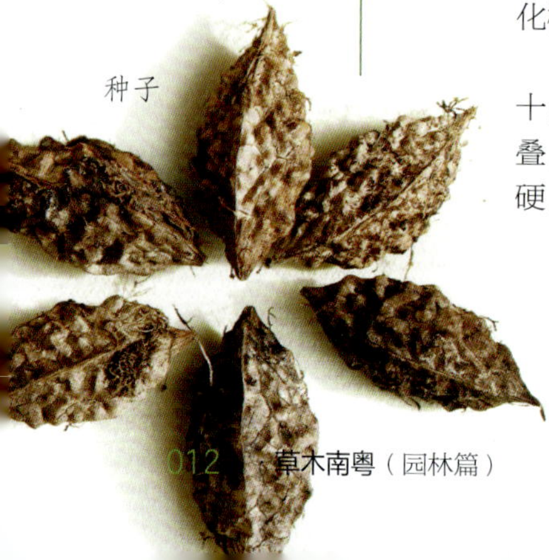

水石榕

别　名　海南杜英
科　属　杜英科杜英属
拉丁学名　*Elaeocarpus hainanensis* Oliv.

全株

花

常绿小乔木。叶狭披针形或倒披针形，双面无毛，边缘有疏钝齿。总状花序腋生；花瓣5，白色，倒卵形，顶端细裂，裂片丝形。核果纺锤形，无毛；内果皮骨质。花期5—7月，果期7—11月。生于丘陵或山谷中。分布于广东、海南、广西、云南。我国南方常见栽培，多植于水旁湿处。

水石榕与毛果杜英主要区别点在于：植株较小，矮处分枝，叶片较狭窄，果实纺锤形且光滑无毛，不像毛果杜英果实那样布满茸毛。

常绿乔木。叶互生或近对生，卵圆形、长圆形至披针形，革质，上面绿色，光亮，下面粉绿色，晦暗，两面无毛，离基三出脉。圆锥花序腋生或近顶生。花绿白色，花被内外两面密被灰白微柔毛，花被筒短小。果卵球形。花期2—4月，果期10月至翌年1月。生于疏林、密林或灌木丛中，或溪边路旁等处。分布华南、华东、华中、西南。南方常见栽培，为优良的行道树和庭园观赏树。

木材纹理通直，结构均匀细致，硬度及密度中等，为良好家具用材之一。其皮、叶、根均可提制芳香油。果实常感染一种叫"粉实病"的病害，影响其生长。

全株

阴香

别名 山肉桂、香胶叶、山玉桂
科属 樟科樟属
拉丁学名 *Cinnamomum burmanni* (Nees & T.Nees) Blume

果实

感染了粉实病的果实

花

樟

别　名 香樟、芳樟、油樟
科　属 樟科樟属
拉丁学名 *Cinnamomum camphora* (L.) J. Presl

茎和枝叶　　　　　　果实

全株

常绿大乔木，高可达30米；树皮黄褐色，有不规则的纵裂。叶互生，卵状椭圆形，全缘，有时呈微波状，两面无毛，离基三出脉。圆锥花序腋生，花绿白或带黄色。果卵球形，紫黑色。花期4—5月，果期8—11月。常生于山坡或沟谷中。分布于我国长江以南各省区，常见栽培。

木材及根、枝、叶可提取樟脑和樟油，樟脑和樟油供医药及香料工业用。果核含脂肪，含油量约40％，油供工业用。根、果、枝和叶入药，有祛风散寒、强心镇痉和杀虫等功能。木材又为造船、橱箱和建筑等用材。

花

果实和种子

鱼木

别　名　台湾鱼木
科　属　山柑科鱼木属
拉丁学名　*Crateva formosensis* (Nees & Jacobs) B. S. Sun

全株

花

叶子

乔木。掌状复叶；小叶3，纸质，卵形或卵状披针形，无毛。伞房花序顶生；花瓣叶状，绿黄色转淡紫色，有爪；雄蕊13~20。果近球形，幼时光滑，后有淡黄色小斑点。花期6—7月，果期10—11月。生于林中。分布于广东、广西、台湾及亚洲热带其他地区。南方常见栽培作园林观赏植物。

木材为乐器、细工用材；果含生物碱，可作胶粘剂；果皮为染料。

果实

花

白兰

别　　名　白玉兰、白兰花
科　　属　木兰科含笑属
拉丁学名　*Michelia* × *alba* DC.

全株

常绿乔木。叶薄革质，长椭圆形或披针椭圆形，上面无毛，下面疏生微柔毛。花白色，浓香味；花被片10，披针形。花期4—9月，通常不结果，多用嫁接繁殖。原产印尼，广植于东南亚。福建、广东、广西、云南、香港、澳门有栽培，作园林绿化树和行道树，是一种广受欢迎的芳香植物。

白兰也是木兰青凤蝶的寄主植物，木兰青凤蝶常产卵到叶片上，其幼虫以吃叶片为主；亦常见黄猄蚁以白兰叶片为原材料，在植株上筑巢。

白兰上的木兰青凤蝶

花

叶　　　茎

果实　　种子

木棉

别　　名	红棉、英雄树
科　　属	木棉科木棉属
拉丁学名	*Bombax ceiba* L.

落叶大乔木，幼树的树干通常有圆锥状的粗刺。掌状复叶，小叶5~7片，长圆形至长圆状披针形，全缘，两面均无毛。花大，单生枝顶叶腋，通常红色，有时橙红色；花萼杯状；花瓣肉质，倒卵状长圆形；雄蕊多；花柱长于雄蕊。蒴果长圆形，密被灰白色长柔毛和星状柔毛；种子藏于白色绵毛中。花期3—4月，果期4—5月。生于干热河谷及稀树草原或沟谷季雨林内。广泛栽培于华南、华东、西南，为优良的庭院观赏树和行道树。

绵毛可以用作枕头的填充材料；花入药，可祛湿，是著名的广东凉茶"五花茶"材料之一。木棉花分别是广州、攀枝花、高雄的市花。

全株

乔木·021

美丽异木棉

别　　名　美人树、丝木棉
科　　属　木棉科吉贝属
拉丁学名　*Ceiba speciosa* (A.St.-Hil.) Ravenna

全株

茎　　果实　　花　　绵毛

落叶大乔木，树干下部膨大，幼树树皮浓绿色，密生圆锥状皮刺。掌状复叶有小片5~9片；坚纸质，椭圆状，中央1枚较大，边缘有锯齿，两面无毛。花单生或2~3朵簇生在枝顶叶腋，花冠淡紫红色，中心白色；花瓣5，反卷。蒴果椭圆形，种子黑色，藏于白色绵毛中。花期9—12月，果期翌年3—5月。原产南美洲，世界热带地区常见栽培。我国南方城市作为园林观赏树引入。

每年秋末冬初盛开，花色艳丽，绯红如一片彩霞，为城市增添一道亮丽的风景。

黄花风铃木

别　　名 巴西风铃木、黄钟树、伊蓓树
科　　属 紫葳科黄钟木属
拉丁学名 *Handroanthus chrysanthus* (Jacq.) S.O.Grose

叶

果实

花

　　落叶乔木，高4~6米。掌状复叶，小叶4~5枚，叶倒卵形，中央的1片较大，其余的小叶渐变小，全缘，被褐色细茸毛。总状花序顶生，有5~10朵密生的花，花冠黄色，漏斗状，裂片5，花缘皱曲。蒴果条形，密被长柔毛，种子有膜质翅。花期3—4月，果期5—6月。原产美洲，热带地区多有栽培。我国南部至西南部亦有栽培，为优良的木本园林观赏植物。

　　每年三月的花期，黄花风铃木盛开，花团锦簇，到处都是一片金黄色的花海。

植株

花

蓝花楹

别　名 蓝雾树、巴西紫葳、紫云木
科　属 紫葳科蓝花楹属
拉丁学名 *Jacaranda mimosifolia* D. Don

落叶乔木。叶对生，二回羽状复叶，每1羽片有小叶16~24对；小叶椭圆状披针形至椭圆状菱形，全缘。花蓝色，花冠筒细长，下部微弯，上部膨大，长约18厘米，花冠裂片圆形。蒴果木质，扁卵圆形，中部较厚，四周逐渐变薄，不平展。花期5—6月，果期11月。原产南美洲巴西、玻利维亚、阿根廷。华南地区常见栽培，多种植于公园、绿地或作行道树。蓝色花朵，浪漫美丽，深受人们喜爱。

全株

果实和种子

果实

猫尾木

别　名　猫尾、猫尾树
科　属　紫葳科猫尾木属
拉丁学名　*Markhamia stipulata* var. *kerrii* Sprague

果实

花

猫尾木属Markhamia是源于英国探险家Clements Robert Markham（1830—1916）的名字。

乔木。奇数羽状复叶，小叶6~7对，长椭圆形或卵形，全缘，纸质，两面均无毛或于幼时沿背面脉上被毛。总状花序顶生，花大，花冠黄色，漏斗形，花冠筒基部紫色。蒴果悬垂，密被褐黄色绒毛。种子具膜质翅。花期10—11月，果期4—6月。分布于广东、广西、海南、云南。华南常见栽培，植于公园、风景区等地方。

相传民间鼠害为患，玉帝派天猫下人间为民除害，老鼠们商量对策后决定贿赂天猫，每天供它吃喝玩乐不思正事。玉帝知道后大怒，派天神捉拿天猫审问，天猫害怕被惩罚，遂化作一棵树，把尾巴变为果实，于是有了猫尾木这个传说。

全株

开裂后的蒴果

火烧花

别　　名　缅木
科　　属　紫葳科火烧花属
拉丁学名　*Mayodendron igneum* (Kurz) Kurz

常绿乔木。二回羽状复叶；小叶椭圆形，全缘，无毛。总状花序，有花5~13朵，着生于老茎或侧枝上；花冠钟形，膨大，橙黄色，裂片小，半圆形。蒴果狭条形，下垂；种子具膜质半透明的翅。花期3—6月，果期5—9月。常生于干热河谷、低山丛林。分布于云南、广东、广西。南方常见栽培，作园林观赏树及行道树。

火烧花是属典型的老茎生花。花冠橙黄色，常在树干或老茎上开放，如熊熊燃烧的火焰，故名"火烧花"。花可作蔬菜食用，在西双版纳地区，当地人常食用火烧花，可炒吃、煮汤。

全株

火焰树

别　名 火焰木、苞萼木
科　属 紫葳科火焰花属
拉丁学名 *Spathodea campanulata* P.Beauv.

花

火焰树属 Spathodea 是希腊语 spathos（佛焰苞）+ eidos（相似），指花萼一侧开裂呈佛焰苞状。

常绿乔木。奇数羽状复叶，对生；小叶13~17枚，叶片椭圆形至倒卵形，全缘，背面脉上被柔毛。伞房状总状花序顶生；花萼佛焰苞状，外面被褐色短绒毛。花冠一侧膨大，基部紧缩成细筒状，檐部近钟状，橘红色，具紫红色斑点，雄蕊4。蒴果狭长圆形，种子具周翅。花期全年。

原产非洲，现世界热带地区多有栽培。我国广东、福建、香港、澳门、广西、云南均有栽培作园林观赏树种。花朵多而密集，花色猩红艳丽，形如火焰，故名"火焰树"。火焰树也是非洲加蓬国的国花。

果实

茎

全株

种子具翅

果实横切面

吊灯树

别　名　吊瓜树
科　属　紫葳科吊灯树属
拉丁学名　*Kigelia africana* (Lam.) Benth.

常绿乔木。奇数羽状复叶交互对生或轮生，小叶7~9枚，长圆形或倒卵形，全缘。圆锥花序生于小枝顶端，花序轴下垂；花稀疏，6~10朵。花萼钟状，革质。花冠褐红色，裂片卵圆形，上唇2片较小，下唇3片较大，开展。蒴果下垂，圆柱形，肥硕，坚硬不开裂。花期4—5月，果期10月至翌年3月。原产非洲，现栽培于各大热带和亚热带地区。华南地区常见栽培，多植于公园、绿地。

吊灯树在非洲称作"sausage tree"，这些"香肠树"是豹子用餐的场地：豹子捕杀了羚羊回来，争不过鬣狗，打不过狮子，就把这些猎物尸体叼上吊灯树上，在这安心享受美餐，血肉被吃光了，这些猎物的尸体骸骨就被风干后挂在树杈上了。

果实

全株

花

大花五桠果

别　　名　大花第伦桃、大叶野枇杷
科　　属　五桠果科五桠果属
拉丁学名　*Dillenia turbinata* Finet & Gagnep.

全株

五桠果属Dillenia 是源于英国植物学家Johann Jacob Dillenius（1795—1856）的名字。

常绿乔木。叶倒卵形至倒卵状矩圆形，边缘有疏钝齿，上面仅叶脉有短粗毛，下面疏生短粗毛。总状花序有花2~4朵，萼片革质，卵形；花瓣膜质，黄色，顶端宽，基部狭。果近球形，暗红色。花期2—5月，果期夏季。生雨林中。分布于广东、广西、云南。现有人工栽培。

大花五桠果的树姿优美，树冠开展如盖；花色艳丽，果实硕大，适合种植于公园、绿化带作观赏植物，也可作行道树。果实多汁且略带酸味，可作为果酱原料。

果实

花

花

血桐

别　名　橙桐、面头果
科　属　大戟科血桐属
拉丁学名　*Macaranga tanarius* var. *tomentosa* (Blume) Müll. Arg.

茎

全株

叶

果实

常绿乔木。叶纸质，近圆形，盾状着生，全缘或叶缘具浅波状小齿，上面无毛。下面密生颗状腺体。雄花序圆锥状，萼片3枚；雄蕊4~10枚；雌花序圆锥状，花萼2~3裂。蒴果密被颗状腺体和数枚软刺。花期4—5月，果期4—7月。生于沿海低山灌木林或次生林中。分布于台湾、广东、香港、澳门、福建。生长迅速，抗风性强，耐盐碱，常栽植于海岸防护水土，或公园等地作绿荫树。

枝条破损流出的汁液被空气氧化后呈血红色，如流血一般，因此得名"血桐"。此外，叶形如大象的耳朵，因此英文名也叫"elephant's ear"。

秋枫

别　　名 赤木、秋枫子
科　　属 大戟科秋枫属
拉丁学名 *Bischofia javanica* Blume

大乔木。三出复叶，小叶片纸质，卵形、椭圆形或长圆形，边缘有浅锯齿。圆锥花序；花小，雌雄异株。雄花萼片膜质，半圆形；雌花萼片长圆状卵形。核果浆果状，近圆球形，淡褐色。花期4—5月，果期8—10月。常生于山地潮湿沟谷林中，为热带和亚热带常绿季雨林中的主要树种。分布于华南、西南、华东、华中。多有栽培，常作行道树。

秋枫的树干被砍伤后，会流出红色汁液，干凝后变瘀血状，树皮可提取红色染料。果肉可酿酒。种子含油量30%~54%，供食用，也可作润滑油。果实是鸟类喜欢的食物之一，成熟时候常见红耳鹎等前来啄食。

全株

花

叶

果实

花

石栗

别　名　烛果树、油桃
科　属　大戟科石栗属
拉丁学名　*Aleurites moluccanus* (L.) Willd.

植株

果实

果实和种子

石栗属Aleurites 是希腊语aleurites（生粉的），指花多粉。

常绿乔木。叶纸质，卵形至椭圆状披针形，全缘或3~5浅裂，嫩叶两面被星状微柔毛，老渐无毛或仅叶背疏被星状柔毛；叶柄顶端有2枚扁圆形腺体。花雌雄同株，同序或异序，花瓣长圆形，乳白色至乳黄色。核果近球形；种子圆球状，种皮坚硬，有疣状突棱。花期4—10月，果期8—12月。分布于福建、台湾、广东、海南、广西、云南、香港、澳门。

我国南部一些城镇栽培作行道树或庭园绿化树种。常被桑寄生科植物所寄生。种子含油量达26%，系干性油，供工业用。

叶

细叶桉

别　　名　小叶桉
科　　属　桃金娘科桉属
拉丁学名　*Eucalyptus tereticornis* Sm.

　　大乔木。树皮平滑，灰白色，长片状脱落。幼态叶片卵形至阔披针形；过渡型叶阔披针形；成熟叶片狭披针形，稍弯曲，两面有细腺点。伞形花序腋生，有花5~8朵，花白色。蒴果近球形。花期6—8月，果期8—9月。原产澳大利亚。广东、广西、福建、贵州、云南、香港、澳门等地均有栽种。华南地区有60年以上的栽种历史。

　　桉属全球约有700种，我国引进栽培的约有110种，细叶桉是其中常见一种。叶含油量0.5%，木材供建筑、车辆、船舶、机械、枕木等用。

植株

茎

果实

034　·草木南粤（园林篇）

全株

果实

蒲桃

别　名　广东葡桃、水葡桃
科　属　桃金娘科蒲桃属
拉丁学名　*Syzygium jambos* (L.) Alston

乔木。叶对生，革质，矩圆状披针形或披针形，顶端渐尖。聚伞花序顶生，花绿白色，花瓣4，雄蕊多数，离生，伸出。浆果核果状，球形或卵形，成熟时黄色。花期4—5月，果期5—6月。野生，生于山溪旁。分布于台湾、福建、广东、香港、广西、云南。常见栽培，作园林观赏植物。

果实含有种子1~2颗，摇起来"咯咯"有声，广东话里亦叫"嘟嘟果"，果可生食或作蜜饯。果实成熟时候，常引来各种鸟类啄食，甚至蝙蝠都常常光临取食。

花

洋蒲桃

别　名　莲雾
科　属　桃金娘科蒲桃属
拉丁学名　*Syzygium samarangense* (Blume) Merr. & L.M.Perry

果实

全株

乔木。叶片薄革质，椭圆形至长圆形，全缘。聚伞花序顶生或腋生，花白色，雄蕊极多。果实梨形或圆锥形，肉质，洋红色，发亮，顶部凹陷，有宿存的肉质萼片。花期3—4月，果期5—6月。原产东南亚。华南常见栽培。

园林栽种的洋蒲桃经常面临一种怪现象：虽然满树挂果，红彤彤诱人，味寡不甜，很少见鸟类或其他动物来取食，果熟后经常掉落满地无人问津；而超市里由台湾进口来的同类莲雾却又大又甜，价格不菲，可能经过了改良。

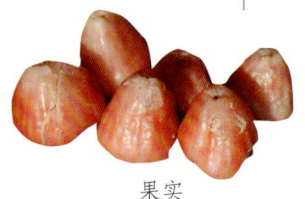

果实

花

花

番石榴

别　名 芭乐、鸡屎拔
科　属 桃金娘科番石榴属
拉丁学名 *Psidium guajava* L.

常绿灌木或小乔木。树皮片状剥落，淡绿褐色。叶对生，革质，矩圆形至椭圆形，下面密生短柔毛。花白色，芳香，花瓣4~5；雄蕊多数。浆果球形或卵形，淡黄绿色，顶端有宿存萼片，种子多数。花期4—6月，果期8—10月。原产南美洲，现在广泛种植于热带各地。我国南部多为栽培，有时也为野生。

果实香甜可口，深受大众喜欢。小时候常被家人告诫番石榴不能多吃，不明白缘由；长大后才明白，果实里面种子多，难以消化，而且因含有鞣质，鞣质有止泻、收敛作用，吃多容易引起便秘。知道原因后，恍然大悟。

叶

果实

茎

全株

全株

串钱柳

别　　名	垂枝红千层、瓶刷子树
科　　属	桃金娘科红千层属
拉丁学名	*Callistemon viminalis* (Solex Gaertn.) G.Don

茎

果实

花

红千层属 Callistemon 是希腊语 kallos（美丽的）+stemon（雄蕊），指红色雄蕊极美丽。

小乔木。枝细长下垂如柳状。叶披针形至线状披针形，全缘。花瓣5，淡绿色，圆形；雄蕊多数，花丝鲜红色。蒴果杯形。花期、果期4—9月。原产澳大利亚。华南常见栽培。

串钱柳的花序非常有意思，穗状花序顶生成瓶刷状密集，像我们用来刷瓶子的刷子，因此，别名亦叫"瓶刷子树"。常用作行道树、园景树，种植于水岸边，迎风拂扬，婀娜多姿。

全株

黄金香柳

别名：千层金、金叶白千层
科属：桃金娘科 白千层属
拉丁学名：*Melaleuca bracteata* 'Golden Revolution'

多年生常绿小乔木。嫩枝红色。叶互生，叶片革质，披针形至线形，具油腺点，金黄色。穗状花序，花瓣绿白色。花期春季。原产新西兰，是20世纪90年代培育出来的栽培品种。华南常见栽培，作园林观叶植物。

黄金香柳为栽培种，主要靠扦插繁殖，叶色金黄，株形美观，为优良的观叶植物，适合公园、绿地、路边等栽培观赏。叶片搓揉后，有一股浓烈的芳香味道。

茎

叶

白千层

别　　名　剥皮树
科　　属　桃金娘科白千层属
拉丁学名　*Melaleuca cajuputi* subsp. *cumingiana* (Turcz.) Barlow

全株

树皮呈纸片脱落

白千层属Melaleuca是希腊语melas（黑色的）+leukos（白色的），指树干黑色，树皮白色。

乔木。高10~18米。叶互生，革质，狭椭圆形或披针形，或偏斜呈镰刀状，具油腺点和香气。穗状花序，花冠白色，花瓣5，雄蕊多，花丝白色。蒴果近球形。花期一年多次。原产澳大利亚，后引进中国，南方普遍栽培，作行道树和园林绿化树。

白千层的树皮灰白色，海绵质，厚而松软，呈薄纸片状脱落，因此，别名亦叫"剥皮树"。树皮和叶供药用，有镇静的功效。

茎

花

复羽叶栾树

别名 国庆花
科属 无患子科栾树属
拉丁学名 Koelreuteria bipinnata Franch.

乔木。叶为二回羽状复叶，对生，厚纸质；小叶9~15枚，长椭圆状卵形，边缘有不整齐的锯齿。聚伞圆锥花序顶生，花黄色，花瓣4，瓣片长圆披针形。蒴果卵形，膨胀，具3棱，紫红色；种子圆形，黑色。花期、果期7—10月。产于我国中南及西南部地区。华南常见栽培，作观赏树及行道树。

复羽叶栾树的花色美艳，盛花期在国庆节前后，故又名"国庆花"。花可以药用，有清肝明目、清热止咳之功效。

果实

全株

种子

花萼

种子

全株

苹婆

别　名　凤眼果
科　属　梧桐科苹婆属
拉丁学名　*Sterculia monosperma* Vent.

果实

常绿乔木。单叶互生，薄革质，矩圆形或椭圆形，两面均无毛，全缘。圆锥花序顶生或腋生，无花瓣，花萼初时乳白色，后转为淡红色，钟状，5裂，裂片条状披针形，先端渐尖且向内曲，在顶端互相黏合。蓇葖果鲜红色。花期4—5月，果期8—9月。分布于广东、香港、澳门、广西、福建、云南等地。常见栽培，为优良的园林景观树种。

种仁可食用。隔水蒸熟种子，剥去种皮后可进食，淀粉多，粉香可口，类似板栗，亦可入菜肴。

全株

果实

扁桃

别　名 酸果
科　属 漆树科杧果属
拉丁学名 *Mangifera persiciforma* C.Y. Wu & T.L. Ming

常绿乔木。叶薄革质，狭披针形，边缘皱波状，无毛。圆锥花序顶生，花序梗红色；花黄绿色；花瓣4~5，长圆状披针形。果桃形，略压扁，果肉较薄。花期2—4月，果期4—7月。分布于云南、贵州、广西。南方常见栽培。树干笔直，树冠略成宝塔形，为良好的庭园和行道绿化树种。

扁桃跟同属植物杧果*Mangifera indica* L.的区别在于：

树形：扁桃树形通直，树干直，树冠集中；杧果分枝扭曲，树冠比较散开。

叶形：扁桃叶子最宽处在中部，叶子对折后可以看出基本对称；杧果叶子最宽处在下部，叶子上下对折会发现明显不对称。

花

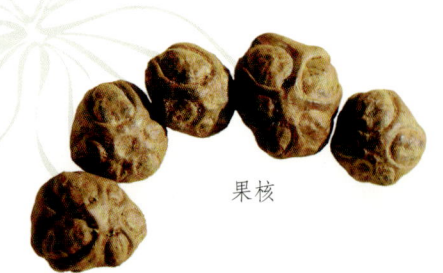
果核

人面子

别　　名：银莲果、人面树
科　　属：漆树科人面子属
拉丁学名：*Dracontomelon duperreanum* Pierre

常绿乔木。奇数羽状复叶，有小叶5~7对，小叶互生，近革质，长圆形，全缘。圆锥花序顶生或腋生，花白色，花瓣狭长圆形。核果扁球形，成熟时黄色。花期4—5月，果期6—11月。生长在热带地区的森林中。分布于海南、广东、广西、云南。南方常见栽培，作行道树或园林绿化树。

果核扁球形，上面有盾状凹入，像一副愁眉苦脸的面容，所以得名"人面子"。果实可以加工成果脯，广东肇庆人常用人面子果脯作餐前开胃小吃。

全株

果实

花

044　·草木南粤（园林篇）

植株

荔枝

别　名	丹荔、丽枝
科　属	无患子科荔枝属
拉丁学名	*Litchi chinensis* Sonn.

　　常绿乔木。偶数羽状复叶，小叶2~4对，革质，披针形至矩圆状披针形。圆锥花序顶生，花小，绿白色或淡黄色，杂性；萼片4；无花瓣。核果球形或卵形，果皮暗红色，有小瘤状突起；种子黑色，为白色、肉质、多汁、甘甜的假种皮所包。花期3—5月，果期5—8月。原产广东、海南。我国南部广为栽培，尤其以福建、广东、广西为盛。

　　荔枝是华南地区重要果树，栽培历史久，品种很多。荔枝含丰富的果糖，不能多吃，可能导致低血糖的发生（俗称荔枝病）。

花

果实

花、果

老茎生花

阳桃

别　　名　杨桃、五敛子、洋桃
科　　属　酢浆草科阳桃属
拉丁学名　*Averrhoa carambola* L.

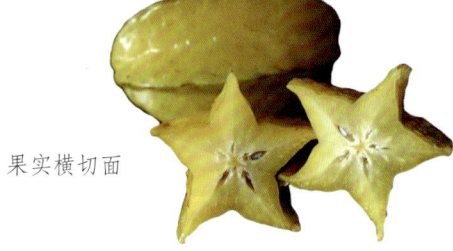

果实横切面

果实

常绿乔木。奇数羽状复叶，互生；小叶5~11对，卵形至椭圆形。花序圆锥状生于老枝上；花瓣5，淡紫色，近钟形。浆果长椭圆形，淡黄绿色，表面光滑，具5条纵向的脊状隆起。花期4—12月，果期7—12月。原产马来西亚及印尼；现广植于热带各地。常见栽培，是南方果树之一。

浆果横切面呈五角星形，像星星，所以，阳桃的英文亦叫做"star fruit"。果甜而多汁，宜于生食，生津止渴，治风热；叶有利尿、散热毒、止痛、止血之效。

全株

 花

 未成熟果实

 成熟果实

铁冬青

别　　名　救必应、熊胆木
科　　属　冬青科冬青属
拉丁学名　*Ilex rotunda* Thunb.

　　常绿乔木。叶薄革质或纸质，椭圆形、卵形或倒卵形，全缘，上面有光泽。聚伞花序，花白色，雌雄异株，雄花4数，雌花5~7数。浆果球形，熟时红色。花期4—5月，果期8—12月。生长在温湿肥沃的疏林中或溪旁。分布于长江流域以南和台湾。常见栽培。

　　铁冬青果实成熟后为深红色，果实累累，引人瞩目，是很好的行道树及切花材料。果实也深受鸟儿喜爱，常见有红耳鹎、乌鸫、领雀嘴鹎等前来啄食。

全株

大花紫薇

别　名　百日红、大叶紫薇
科　属　千屈菜科紫薇属
拉丁学名　*Lagerstroemia speciosa* (L.) Pers.

　　落叶大乔木。叶椭圆形或卵状椭圆形，两面无毛。圆锥花序；花瓣6，近圆形至长圆状倒卵形，花紫红色；雄蕊多数。蒴果球形至倒卵状长圆形，6裂；种子多数。花期5—8月，果期7—11月。产于东南亚至澳大利亚。华南常见栽培，作观赏树和行道树。

　　大花紫薇生长健壮，树形美丽。夏天开大紫红色花朵，花团锦簇；冬天叶片变红，红彤彤一片，具有明显的季节性，观花、观叶皆相宜。

花

果实

冬天叶子变红

全株

海南红豆

别　　名　大䓕红豆、羽叶红豆
科　　属　豆科红豆属
拉丁学名　*Ormosia pinnata* (Lour.) Merr.

种子 　　　　　　　　全株　　花

常绿乔木。奇数羽状复叶，小叶3~4对，薄革质，披针形，两面均无毛。圆锥花序顶生，花冠黄白色。荚果，有种子1~4粒；种子椭圆形，种皮红色。花期7—8月，果期8月至翌年1月。生于中海拔及低海拔的山谷、山坡、路旁森林中。分布于广东、海南、广西。模式标本采自海南。华南常见栽培。

海南红豆跟同科植物海红豆*Adenanthera microsperma* Teijsm. & Binn.两者名字相似，但叶形及果实差异甚大。后者海红豆的种子色泽鲜艳坚硬，红色种皮不易掉落，是很好的饰品原材料。

种皮红色的种子

荚果

羊蹄甲

别　名　玲甲花
科　属　豆科羊蹄甲属
拉丁学名　*Bauhinia purpurea* L.

　　羊蹄甲属Bauhinia 是源于瑞士植物学家John和Casper Bauhin，一对孪生兄弟的名字。
　　乔木。叶硬纸质，近圆形，基部浅心形，先端分裂。总状花序，少花，花瓣桃红色；能育雄蕊3，退化雄蕊5~6。荚果带状，扁平，略呈弯镰状；种子近圆形，扁平。花期9—11月，果期翌年2—3月。 产于我国南部。中南半岛、印度、斯里兰卡有分布。世界亚热带地区广泛栽培于庭园，供观赏及作行道树。
　　羊蹄甲的果荚成熟时，木质的果瓣扭曲将种子弹出，用自身力量把种子推送出去，扩大繁殖范围。

花

叶

红花羊蹄甲

别　　名　洋紫荆
科　　属　豆科羊蹄甲属
拉丁学名　*Bauhinia* × *blakeana* Dunn.

茎

叶

植株

　　乔木。叶革质，近圆形或阔心形，基部心形，先端二裂。总状花序；花大，美丽；花瓣紫红色；能育雄蕊5枚，其中3枚较长；退化雄蕊2~5枚。花期全年。通常不结果。

　　世界各地广泛栽培，为美丽的观赏树木。在香港和台湾被称为"洋紫荆"，香港货币上用的是红花羊蹄甲，即港版的"洋紫荆"。

　　另外两个同属植物分别是洋紫荆*Bauhinia variegata* L. 和羊蹄甲*Bauhinia purpurea* L.，三者容易搞混，区别如下：

　　羊蹄甲：能育雄蕊3枚，花瓣较狭窄，具长柄，结果。
　　洋紫荆：能育雄蕊5枚，花瓣较阔，具短柄，结果。
　　红花羊蹄甲：能育雄蕊5枚，花瓣较阔，具短柄，不结果。

花

落叶乔木。叶形变化较大，圆形至阔卵形，宽与长近相等或宽稍大于长，有时几为肾形，先端二裂，基部圆形、截形或心形，两面近无毛。花大，几无花梗，粉红色或白色，具紫色线纹，花瓣倒披针形或倒卵形。荚果条形，扁平，有种子10~15颗。花期3—5月，果期5月至翌年3月。生于丛林中。分布于福建、广东、广西、云南。华南常见栽培。

洋紫荆花色美丽并微带芳香，开花期长，生长迅速，作行道树或庭园树种。

花

洋紫荆

别　名　宫粉紫荆、宫粉羊蹄甲
科　属　豆科羊蹄甲属
拉丁学名　Bauhinia variegata L.

全株

花

鸡冠刺桐

别　名　鸡冠豆
科　属　豆科刺桐属
拉丁学名　*Erythrina crista-galli* L.

落叶小乔木。枝条、叶柄及叶脉上均有刺。3小叶，卵形至卵状长椭圆形。总状花序，花红色，旗瓣大而倒卵形，盛开时开展如佛焰苞状。荚果木质，圆柱形，肥厚；种子褐黑色。花期4—10月，果期5—11月。原产巴西。华南常见栽培，作观赏树和绿化树。

开花期间，远远望去，它那长长的花序轴上，好似挂满了一串串美丽的鸡冠，故名"鸡冠刺桐"。雄蕊类型为9+1的二型雄蕊，独立出来的1枚雄蕊有限制柱头位置和辅助柱头运动的作用。

植株

"9+1"二型雄蕊

枝刺

荚果

种子

凤凰木

别　名	凤凰花、红花楹、火树
科　属	豆科凤凰木属
拉丁学名	*Delonix regia* (Hook.) Raf.

落叶大乔木。二回羽状复叶，每羽片有小叶40~80枚；小叶长椭圆形，两端圆。总状花序；花瓣红色，有黄色及白色花斑，近圆形。荚果条形，扁平，下垂，具多数种子。花期5—7月，果期8—10月。原产非洲马达加斯加，全世界热带地区常见栽培。华南常见栽培，作观赏树和绿化树。

树形优美，树冠高大，枝叶繁茂，花开之际，满树如火，有云："叶如飞凰之羽，花若丹凤之冠"，因此取名"凤凰木"。叶片夜间闭拢，有很明显的豆科的夜感应特征。

花

荚果

晚间叶片合拢

全株

乔木 · 057

花

台湾相思

别　名	台湾柳、相思树
科　属	豆科 金合欢属
拉丁学名	*Acacia confusa* Merr.

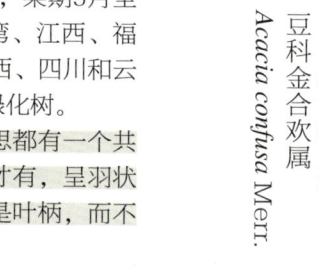

常绿乔木。小叶退化，叶柄为披针形的叶片状，微呈镰形，革质，无毛。头状花序，单生或2~3个簇生于叶腋；花黄色，有微香；雄蕊多数。荚果带形，扁平。花期4—6月，果期5月至翌年2月。原产地不明。浙江、台湾、江西、福建、广东、海南、香港、澳门、广西、四川和云南等地普遍栽培，作防护林和园林绿化树。

台湾相思、大叶相思、马占相思都有一个共同的特点：真正的叶片在幼苗时候才有，呈羽状复叶，现在所看到的植株上面的都是叶柄，而不是叶子。

植株

荚果

幼苗期的真叶

植株

大叶相思

别　名　耳叶相思
科　属　豆科金合欢属
拉丁学名　*Acacia auriculiformis* A.Cunn. ex Benth.

茎

荚果和种子

常绿乔木。幼苗具羽状复叶，后退化成叶状柄，镰状披针形或镰状长圆形。穗状花序腋生；花橙黄色，芳香。荚果成熟时卷曲成环状，每一果内有黑色种子若干。花期8—10月，果期9月至翌年4月。原产澳大利亚北部及新西兰。华南常见栽培。生长迅速，耐干旱性强，可作行道树、防护林和水土保持树种。

大叶相思虽然名字里冠有"大叶"两字，但实际中，其叶柄的宽度远远不如马占相思的叶柄，只占后者的1/3~1/4。荚果成熟后裂开，露出橙黄色的折叠状的珠柄，种子垂挂在珠柄上，如女人佩戴的耳环，摇曳生姿。

花

花

马占相思

科 属 豆科金合欢属
拉丁学名 Acacia mangium Willd.

荚果

常绿乔木。幼苗具羽状复叶，后退化成叶状柄。叶状柄纺锤形，两面无毛，平行脉4条。穗状花序腋生；花淡黄白色，小而密生。荚果带形，旋转。花期8—10月，果期11月至翌年6月。原产澳大利亚、巴布亚新几内亚和印度尼西亚。我国台湾、海南、广东、广西、云南、福建等地常见栽培，作行道树、园林观赏树和护堤树种。

马占相思的"马占"，来自它的拉丁学名Acacia mangium Willd.中种加词mangium的音译。其叶柄比大叶相思的叶柄宽阔许多，呈波浪形；另外，它的花色呈淡黄白色，而大叶相思的花色呈柠檬金黄。

幼苗期的真正叶

全株

叶形叶柄

银合欢

别 名	白合欢
科 属	豆科银合欢属
拉丁学名	Leucaena leucocephala (Lam.) de Wit

荚果

全株

小乔木，高2~6米。二回偶数羽状复叶，互生，羽片4~10对；小叶10~15对，线状长圆形。头状花序通常1~3个腋生；花白色，花瓣分离；雄蕊10枚，离生。荚果薄带状；种子卵形，褐色，扁平，光亮。花期4—7月；果期8—10月。原产热带美洲，现广布于各热带地区。华南各省区有栽培。

本种耐旱力强且种子萌发率高，已经出现蔓延趋势，在野外经常看到逸生的银合欢，植株数量众多，将来会不会发展成为新的入侵物种，造成对本地物种及其他生态链的影响，值得深思。

花

开裂的荚果

荚果

全株

南洋楹

科　属　豆科南洋楹属
拉丁学名　*Falcataria moluccana* (Miq.) Barneby & J. W. Grimes

常绿大乔木，树干通直，高15~30米。复叶具羽片6~20对，各羽片具小叶6~26对，无柄，小叶菱状长圆形，基部歪斜。穗状花序似瓶刷；花初白色，后变黄。荚果带形，扁平。花期4—7月，果期6—12月。原产马六甲及印度尼西亚马鲁古群岛，现广植于各热带地区。福建、广东、广西、香港、澳门有栽培，作庭园树和行道树。

南洋楹根系发达，萌芽力强，生长速度快，在广东省15年生树高可达32米，枝叶繁茂，绿荫如伞，但寿命极短，约25年生后即衰老。在深圳，一年开花两次，分别在3月份和8月份。

种子

花

黄槐决明

别　名 豆槐、黄槐

科　属 豆科 决明属

拉丁学名 *Senna surattensis* (Burm.f.) H.S.Irwin & Barneby

小乔木。偶数羽状复叶，小叶7~9对，长椭圆形或卵形，叶背粉白色，被长柔毛，全缘。总状花序生于枝条上部的叶腋内；花瓣鲜黄至深黄色，卵形至倒卵形；雄蕊10枚。荚果扁平，带状。花期、果期全年。原产东南亚及澳大利亚。广西、广东、福建、香港、澳门、云南均有栽培，作行道树。

豆科植物中，黄槐决明、凤凰木、朱缨花等都有夜感应性的特点。每到傍晚光线昏暗，气温下降的时候，这些植物的叶片就会合拢垂直；天亮之后，温度升高，又重新舒展打开，成水平面。

花

全株

荚果

腊肠树

别　名　猪肠豆、阿勃勒、黄金雨
科　属　豆科决明属
拉丁学名　*Cassia fistula* L.

乔木。羽状复叶，具小叶8~16枚；小叶卵形至长卵形，两面都有微细柔毛。总状花序疏松，下垂；花冠黄色，雄蕊10。荚果大，圆柱状，不开裂，黑褐色；种子间有横隔。花期5—8月，果期8—10月。原产于印度、缅甸、斯里兰卡。华南常见栽培，是优良的园林风景树和行道树。

腊肠树开花时满树金黄，非常美丽，花瓣随风如雨落下，故又名"黄金雨"。荚果圆柱形，肥硕长形，像一条条灌制的肉腊肠，所以得名"腊肠树"。它是泰国的国花。

花、果

种子

全株

花

花

荚果

开花时的盛况

紫檀

别　名：印度紫檀、羽叶檀
科　属：豆科紫檀属
拉丁学名：*Pterocarpus indicus* Willd.

乔木。单数羽状复叶；小叶7~9，矩圆形，无毛。圆锥花序；花冠蝶形，黄色，花瓣边缘皱折，具长爪，有香味。荚果圆形，偏斜，扁平，具宽翅，翅宽可达2厘米，种子1~2粒。花期4—5月，果期8—10月。原产印度、缅甸、老挝、菲律宾及印度尼西亚。我国福建、台湾、广东、香港、澳门、海南、广西、云南均有栽培，作行道树、庭园树及园林风景树。

木材坚硬致密，心材红棕色，花纹美丽，有玫瑰香味，供制车轮、乐器、优质家具等用。

全株

盾柱木

别　　名　双翼豆
科　　属　豆科盾柱木属
拉丁学名　*Peltophorum pterocarpum* (DC.) K.Heyne

全株

叶片

荚果

乔木。二回羽状复叶；羽片7~15对，对生；小叶7~21对，无柄，排列紧密，小叶片革质，长圆状倒卵形，基部两侧不对称，边全缘。圆锥花序，花黄色，芳香；花瓣5，边缘波浪状；雄蕊10枚，柱头盾状。荚果具翅，扁平，红褐色，中央具条纹。花期7—8月，果期9—11月。分布于越南、斯里兰卡、马来半岛、印度尼西亚和大洋洲北部。华南常见栽培，作行道树、庭园树及园林风景树。

盾柱木名字中的"盾柱"是指该种的柱头（雌蕊）似盾状，因此得名。盾柱木属中另外一个品种"银珠" *Peltophorum tonkinense* (Pierre) Gagnep. 跟此种非常相似，二者容易搞混。主要区别：

柱头：银珠头状柱头，盾柱木盾状柱头。
花序：银珠总状花序，盾柱木圆锥花序。
花期：银珠花期3—6月，盾柱木花期7—8月。

花

全株

小叶榄仁

别　名：细叶榄仁、非洲榄仁、雨伞树
科　属：使君子科榄仁属
拉丁学名：Terminalia mantaly H.Perrier

　　落叶乔木。高5~15米，主干浑圆挺直，冠幅2~5米，侧枝轮生呈水平展开，树冠伞形，层次分明。叶互生，呈广椭圆形，全缘，冬季落叶。穗状花序腋生，花两性，淡绿色，花萼5裂，无花瓣；雄蕊10。核果阔椭圆形，无毛。花期3—6月，果期4—9月。原产非洲马达加斯加。华南常见栽培。

　　小叶榄仁生长速度快，树形优美，栽培作行道树；此外，耐强风吹袭且耐盐分，也是优良的海岸树种。种仁可食。

叶片

花

果实

全株

澳洲鸭脚木

别　名 大叶伞、昆士兰伞木、辐叶鹅掌柴
科　属 五加科鹅掌柴属
拉丁学名 Schefflera actinophylla (Endl.) Harms

　　常绿乔木。茎直立，少分枝。掌状复叶有小叶9~11片，叶柄红褐色，小叶片长椭圆形。伞房状圆锥花序，具花10~20朵，花小，红色，密集。核果球形，成熟时红色。花期6—8月，果期8—11月。原产澳大利亚（昆士兰）及太平洋中的一些岛屿，世界热带地区广为栽培。华南常见栽培。
　　本种为优良的园林观赏植物，亦常用于盆栽供室内摆设。木材是制火柴杆上等原料；木材也用以培养银耳。根、树皮供药用。

花

叶

 茎　　 叶　　 果实

幌伞枫

别　　名　大蛇药、五加通
科　　属　五加科幌伞枫属
拉丁学名　*Heteropanax fragrans* (Roxb.) Seem.

常绿乔木。叶大，三至五回羽状复叶；小叶片在羽片轴上对生，纸质，椭圆形，两面均无毛，全缘。圆锥花序顶生；花杂性，小而淡黄白色，芳香；花瓣5，卵形。果实卵球形，黑色，宿存花柱。花期10—12月，果期翌年2—3月。分布于云南、广西、广东和海南。生于森林中。华南常见栽培。

本种树冠圆整，为优良的园林观赏树。根和树皮入药，治烧伤、疖肿、蛇伤及风热感冒。

全株

花

木麻黄

别　名　驳骨树、马尾树
科　属　木麻黄科木麻黄属
拉丁学名　*Casuarina equisetifolia* L.

全株

木麻黄属Casuarina 是拉丁语casuarius（食火鸡），指细长的枝条似食火鸡的羽毛。

常绿乔木，高可达30米。小枝绿色，细长下垂，每节有退化之鳞片状叶7枚。花雌雄同株或异株；雄花成柔荑花序生于小枝端；雌花成头状花序生于短枝端。球果状果序椭圆形，小坚果有翅。花期4—5月，果期7—10月。原产澳大利亚和太平洋岛屿。我国浙江、福建、台湾、广东、香港、澳门、海南、广西和云南等地有栽培。

本种生长迅速，萌芽力强，对土壤条件要求不高。由于其根系深广，具有耐干旱、抗风沙和耐盐碱的特性，因此成为热带海岸防风固沙的优良先锋树种。

茎

球果状果序

雄花

苦楝

别　　名　楝树、紫花树
科　　属　楝科楝属
拉丁学名　*Melia azedarach* L.

全株

花特写　　　花

未成熟果实　　　成熟果实

　　落叶乔木。叶为二至三回奇数羽状复叶；小叶对生，卵形、椭圆形至披针形，边缘有钝锯齿。圆锥花序；花芳香；花瓣淡紫色，倒卵状匙形。核果球形至椭圆形，成熟时淡黄色，经冬不落。花期4—5月，果期10—12月。生于村旁、路旁或疏林中。分布于我国黄河以南各省区，较常见。现广泛栽培。

　　苦楝不择土壤，生长速度快，寿命较短，常作庭园观赏树及行道树。根皮可驱蛔虫和钩虫，但有毒，用时要严遵医嘱；果仁油可供制油漆、润滑油和肥皂。

乔木· 071

花

麻楝

科 属 楝科麻楝属
拉丁学名 *Chukrasia tabularis* A. Juss.

　　乔木。叶通常为偶数羽状复叶，小叶10~16枚，互生，纸质，卵形至长圆状披针形，两面均无毛或近无毛，全缘。圆锥花序顶生；花有香味；花瓣黄色或略带紫色。蒴果近球形，无毛，表面粗糙而有淡褐色的小疣点；种子扁平，有膜质的翅。花期4—5月，果期7月至翌年1月。生于山地杂木林或疏林中。分布华东、华南、西南。华南常见栽培。

　　麻楝生长迅速，树形美观，对二氧化硫抗性较强，作行道树及城乡绿化树种。木材优质，可用于建筑和制家具等。

全株

果实和种子

果实

非洲楝

别　名：仙加树、塞楝、非洲桃花心木
科　属：楝科 非洲楝属
拉丁学名：*Khaya senegalensis* (Desr.) A. Juss.

常绿乔木，高达30米。偶数羽状复叶互生，小叶3~6对，长椭圆形，全缘。圆锥花序，花小，两性，黄白色；花瓣4，分离。蒴果球形，成熟时自顶端室轴开裂，果壳厚；种子宽，横生，椭圆形至近圆形，边缘具膜质翅。花期3—5月，果翌年6月成熟。原产非洲热带地区和马达加斯加；我国南方普遍栽培，作庭园树和行道树。

本种生长速度快，枝叶茂盛，绿荫效果好；木材还可作胶合板的材料。

全株

果实

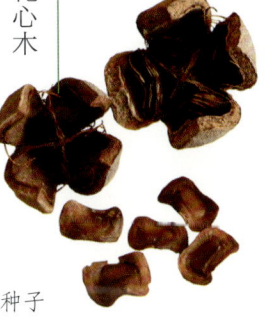

种子

叶

茎

全株

菲岛福木

别　名　福树、福木
科　属　藤黄科藤黄属
拉丁学名　*Garcinia subelliptica* Merr.

果实

叶

果实和种子

小乔木。叶片厚革质，卵形、卵状长圆形或椭圆形，顶端钝圆形或微凹，上面深绿色，具光泽。花杂性，同株，5数；雄花和雌花通常混合在一起，簇生或单生于落叶腋部；花瓣倒卵形，乳黄色。浆果宽长圆形，成熟时黄色，外面光滑。花期3—5月，果期4—8月。生于海滨的杂木林中。分布于我国台湾、日本的琉球群岛、菲律宾、斯里兰卡、印度尼西亚。华南常见栽培。

本种耐干旱，抗风力强，生长慢，寿命长，树形美观，常栽培作园林景观树、行道树及防风林树种。

花

全株

种子

果肉（花被片）

果实剖面图

波罗蜜属Artocarpus是希腊语artos（面包）+karpos（果），指果可食，其味如面包。

波罗蜜

别　　名　树波罗、木波罗
科　　属　桑科波罗蜜属
拉丁学名　Artocarpus heterophyllus Lam.

茎

常绿乔木。高8~15米，有乳汁。叶厚革质，椭圆形或倒卵形，全缘（幼树之叶有时3裂），两面无毛。花单性，雌雄同株；雄花序顶生或腋生，圆柱形；雌花序矩圆形，生树干或主枝上。聚花果成熟时长25~60厘米，重可达20千克，外皮有六角形的瘤状突起。花期2—3月，果期7—8月。原产印度。华南常见栽培，作庭园树和行道树。

波罗蜜广泛种植于热带地区，是一种热带果树。果肉（实为花被）味道甜，鲜食；种子富含淀粉，可以煮熟或者炒熟食用。

果

榕树

别　名　小叶榕、细叶榕
科　属　桑科榕属
拉丁学名　*Ficus microcarpa* L. f.

气生根

榕果（花序托）

　　常绿大乔木，气生根。叶互生，革质，倒卵形或卵状椭圆形，全缘，无毛。花序托无梗，球形或扁球形，成熟时黄色或淡红色；雄花、瘿花、雌花生于同一花序托内。花期5—6月，果期7~8月。产华南、印度及东南亚各国至澳大利亚。栽培或野生。我国南方地区广泛种植，作行道树及庭园树。

　　树冠广展，枝叶茂盛，老树常具锈褐色气根，随风飘拂。南方一些农村，村民聚集在大榕树下聊天、乘凉，已经成为生活中的习惯。榕树在一些文学作品里寓意着顽强的生命力，见证岁月沧桑。福州市因为大量种植榕树被称为"榕城"。

全株

全株

黄葛榕

别　名　大叶榕、黄葛树
科　属　桑科榕属
拉丁学名　*Ficus virens* Aiton

落叶乔木。高达26米。叶卵状长椭圆形，先端急尖，基部心形或圆形，全缘，坚纸质，无毛，侧脉7~10对。隐花果球形，无梗。花期、果期4—8月。分布于华南、西南、华东、华中。栽培或野生。华南常见栽培，作庭园树及行道树。

每年2月份，黄葛榕的叶子变黄，急速掉落，一夜之间，满地枯黄落叶婆娑，如回到秋天。几天后，枝头悄然发新芽，再长出黄绿嫩叶，春意盎然，前后十来天，却见证了秋、春季节的交换，非常具有戏剧性。

榕果（花序托）

嫩叶

叶

全株

高山榕

别　名	高榕
科　属	桑科榕属
拉丁学名	*Ficus altissima* Blume

　　常绿大乔木。高25~30米，老树常有支柱根。叶革质，无毛，宽椭圆形或卵状椭圆形，全缘。花序托近圆球形，无毛；雄花、瘿花和雌花同生于一花序托中。榕果卵圆形。花期3—4月，果期5—7月。分布在广东、广西、云南、四川、香港、澳门。生于山地林中。冠大浓荫，红果多而美丽，华南常见栽培，作庭园绿化树、行道树及观赏树。

　　榕果（花序托）成熟时，橙黄一片，引来各种鸟类如红耳鹎、八哥等啄食，热闹非常，甚至有时连松鼠都会来取食榕果。

支柱根

红耳鹎啄食榕果

榕果（花序托）

垂叶榕

别　名　垂榕、吊丝榕
科　属　桑科榕属
拉丁学名　*Ficus altissima* Blume

榕果（花序托）

害虫榕管蓟马

健康叶

常绿乔木。通常无或者少气生根。叶互生，薄革质，有光泽，椭圆形或卵状椭圆形，先端渐尖，全缘。花序托无梗，单生或成对腋生，球形或卵球形；雄花、瘿花和雌花生于同一花序托内。花期8—11月。分布于广东、香港、澳门、海南、云南、贵州。栽培或野生。本种为良好的园林绿化树。

垂叶榕的虫害病发率比较高，常遭到一种叫"榕管蓟马"（缨翅目蓟马科）害虫的危害，若虫和成虫锉吸寄主的嫩叶和幼芽的汁液，受害叶形成虫瘿，使叶片和嫩梢生长畸形。既影响了植株的健康，也降低了美观性。

病叶

植株

全株

印度榕

别名 印度橡胶树、橡胶榕
科属 桑科榕属
拉丁学名 *Ficus elastica* Roxb. ex Hornem.

常绿大乔木。高20~30米，老树有支柱根，树冠开展。叶厚革质，有光泽，长椭圆形或矩圆形，全缘。花序托无梗，成熟时黄色；雄花、瘿花和雌花生于同一花序托中。花期冬季。原产不丹、锡金、尼泊尔、印度、印度尼西亚。云南有野生。我国南方和北方常见栽培。常见栽培变种有：美丽胶榕、三色胶榕、黑紫胶榕、斑叶胶榕、大叶胶榕。乳汁可制硬橡胶。

叶片

支柱根

全株

叶

嫩叶

菩提树

别　名　印度菩提树、觉树
科　属　桑科榕属
拉丁学名　*Ficus religiosa* L.

大乔木。高10~20米。叶近革质，三角状卵形，先端骤尖，延长成披针状条形之尾，尾约占叶片长的1/4~1/3，叶常下垂，全缘。花序托扁球形，无梗，成对腋生；雄花、瘿花和雌花同生于一花序托中。花期3—4月，果期5—6月。原产印度。我国云南、广东、广西有栽培，多种植于寺庙或公园，作庭园观赏树。

"菩提"一词，原为古印度（梵语）Bodhi的音译，意为觉悟、智慧；意思为豁然开朗。据传说，250多年前，佛祖释迦牟尼原是古印度北部的迦毗罗卫王国的王子乔答摩·悉达多，他在菩提树下顿悟得道，就地成佛。树叶浸洗去叶肉，网脉如纱，可做菩提纱书签。

叶脉书签

蒲葵

别名 扇叶葵
科属 棕榈科蒲葵属
拉丁学名 *Livistona chinensis* (Jacq.) R.Br. ex Mart.

常绿乔木。高达20米。叶阔肾状扇形,掌状深裂至中部,裂片条状披针形,顶端长渐尖,下垂;叶柄长达2米,下部有2列逆刺。肉穗花序排成圆锥花序式,长达1米余,腋生;花小,两性,黄绿色。核果椭圆形,状如橄榄,黑色。花期、果期4月。原产我国台湾、广东、海南。华南常见栽培,作园林观赏树或行道树。

嫩叶制葵扇,老叶制蓑衣等,叶裂片的中脉制牙签;果实药用,治癌肿、白血病;根治哮喘;叶治功能性子宫出血。

全株

茎

叶片

果实

椰子

别　　名　椰瓢、大椰
科　　属　棕榈科椰子属
拉丁学名　*Cocos nucifera* L.

果实

花、果

椰子

常绿乔木。高15~30米。叶羽状全裂，裂片条状披针形。肉穗花序腋生，花单性同序，雄花聚生于分枝上部，雌花散生于下部。坚果倒卵形或近球形，顶端微具3棱，中果皮厚而纤维质，内果皮骨质，近基部有3萌发孔；种子1颗，种皮薄，紧贴着白色坚实的胚乳。花期9—11月，果期12月至翌年4月。产于热带岛屿及海岸，以亚洲最为集中。华南常见栽培，海南岛种植数量最多，是优美的风景树及海岸防护林树种。

椰子全身都是宝：椰水是清凉饮料；椰肉可以加工成油料及各种食品，椰壳可以制器皿或加工工艺品，椰棕可制绳、扫把等。

全株

茎

花

王棕

别名：大王椰子、王椰、大王椰
科属：棕榈科王棕属
拉丁学名：*Roystonea regia* (Kunth.) O. F. Cook

乔木。高10~20米。茎幼时基部明显膨大，老时中部膨大。叶聚生于茎顶，羽状全裂；裂片条状披针形，通常4列排列，顶端渐尖，基部稍外向折叠；叶鞘长，紧包着杆顶。肉穗花序，花小，白色，雌雄同株。果近球形，红褐色；种子1颗，卵形。花期3—4月，果期10月。原产美洲，现广植于各热带地区。华南常见栽培，作行道树或园林观赏树。

王棕的树形雄伟，是世界著名的热带风光树种。种子在原产地作为猪饲料。

全株

全株

霸王棕

别　名　霸王棕榈、霸王椰子
科　属　棕榈科霸王棕属
拉丁学名　*Bismarckia nobilis* Hildebr. & H.Wendl.

常绿大乔木。茎单生，高15~30米，但栽培种通常高不足10米。叶掌状裂，蜡质，被灰白色鳞秕；裂片50~70枚；叶柄长，有刺状齿。花单性，雌雄异株；雄花序具4~7红褐色小花轴；雌花序较长而粗。果卵球形。花期6—7月，果期10—12月。原产非洲马达加斯加。华南常见栽培。

本种生长快，耐干旱，植株高大壮观，叶片颜色奇特，为优良的园林观赏树。

果实

花

全株

狐尾椰

别　名　狐尾棕、狐尾椰子
科　属　棕榈科二枝棕属
拉丁学名　*Wodyetia bifurcata* A.K.Irvine

花

果实

乔木。茎干单生，高10~15米，光滑，有环纹。羽状复叶，长2~3米，拱形；小叶披针形，亮绿色，在叶轴上分节轮生；形似狐尾，叶柄短，叶鞘包茎，形成明显的冠茎。雌雄同株，花浅绿色；花序生于冠茎下，分枝较多。果卵形，成熟时橘红色。花期9—12月，果期1—7月。原产澳大利亚昆士兰。我国南部常见栽培，作行道树及庭园树。

本种树形高大挺拔，叶形奇特优雅，适应性广，是热带亚热带地区最受欢迎的棕榈科植物之一。果实成熟后，浸泡去掉外果皮，可以加工成各种工艺品。

果实做的工艺品

银海枣

别　名　林刺葵、中东海枣
科　属　棕榈科海枣属
拉丁学名　*Phoenix sylvestris*（L.）Roxb.

叶片

叶柄

乔木。高达16米，直径达33厘米，叶密集成半球形树冠。叶长3~5米，完全无毛；叶柄短；叶鞘具纤维；小叶剑形，顶端尾状渐尖，互生或对生，呈2~4列排列，下部羽片较小，最后变为针刺。花小，单性，雌雄同株，白色，有香味。果序长约1米，密集；核果椭圆形，橙黄色。花期3—4月，果期9—10月。原产印度、缅甸。华南常见栽培。

生长速度较慢，树姿优美，叶片银灰色，宜植于园林绿地水边或者草坪作园景树。树液含糖，可以制棕糖。

果实

全株

短穗鱼尾葵

别　　名 小鱼尾葵
科　　属 棕榈科鱼尾葵属
拉丁学名 *Caryota mitis* Lour.

果序

果实

小乔木。高5~8米，树干常丛生；茎绿色，表面被微白色的毡状绒毛。叶长3~4米，下部羽片小于上部羽片；羽片呈楔形或斜楔形，外缘笔直，内缘1/2以上弧曲成不规则的齿缺，且延伸成尾尖或短尖。花序短，花单性，雌雄同株，淡绿色。果球形，成熟时紫红色。花期4—6月，果期8—11月。产于亚洲热带，我国海南岛有分布。华南常见栽培。抗污染能力强，生长快，抗风强，是优美的园林绿化树种。

短穗鱼尾葵跟鱼尾葵*Caryota ochlandra* Hance的主要区别在于：

植株：鱼尾葵植株高大，可高达20米；短穗鱼尾葵植株5~8米。

茎：鱼尾葵单生；短穗鱼尾葵丛生。

花序：鱼尾葵花序超过1米；短穗鱼尾葵20~30厘米。

叶片

全株

红刺露兜树

别　　名　红刺林投、红章鱼树
科　　属　露兜树科露兜树属
拉丁学名　*Pandanus utilis* Borg.

全株

常绿乔木。高达5米，树干光滑，螺旋状叶痕明显，下面有多数粗壮的支柱根；茎上部有少量分枝。叶螺旋状密集着生分枝端，剑叶长披针形，革质，叶缘及叶背中肋有红色尖刺。聚花果圆球形或椭圆球形，由多数核果组成。花期6—8月，果期8—11月。原产非洲马达加斯加，现热带地区广泛种植。华南常见栽培。

植株下部的支柱根，粗壮且多，围绕茎展开，远远看过去像一只爬动的章鱼，因此，别名亦叫做红章鱼树。

花

果实

叶缘有红色尖刺

乔木·091

异叶南洋杉

别　名	南洋杉、诺和克南洋杉
科　属	南洋杉科南洋杉属
拉丁学名	*Araucaria heterophylla* (Salisb.) Franco

叶片

茎

乔木。在原产地可高达50米以上。树干通直，树皮暗灰色，裂成薄片状脱落；树冠塔形，大枝轮生而平伸；小枝平展或下垂，侧枝常成羽状排列，下垂。叶二型：幼树及侧生小枝的叶钻形，内弯，通常两侧扁，具3~4棱，翠绿色；大树及花果枝上的叶鳞片状，排列紧密，亮绿色。球果近圆球形；种子椭圆形，稍扁。原产大洋洲诺和克岛。华南常见栽培，作庭园观赏树及行道树。

　　本种树姿优美，是世界著名的庭园观赏树种之一。南洋杉属全球约有14种，产于大洋洲及南美洲，中国引入6种。

全株

茎和叶

落羽杉

别　　名　落羽松
科　　属　杉科落羽杉属
拉丁学名　*Taxodium distichum* (L.) Rich.

全株

落叶乔木。在原产地高达50米。树干基部通常膨大，常有膝状呼吸根；树皮棕色，裂成长条片脱落。新生幼枝绿色，到冬季则变为棕色。大枝条水平展开，侧生小枝排成二列。叶条形，扁平。球果球形，有短梗；种鳞木质，盾形；种子不规则三角形，有锐棱，褐色。花期3月，球果10月成熟。原产美国密西西比河两岸。我国1927年从美国引进，长江流域及以南地区有栽培。

落羽杉多生于排水不良的沼泽地区。生长速度快，树形美丽，秋天变为红褐色，是南方平原、水边的优良绿化用材及观赏树种。

球果　　叶

茎　　呼吸根

叶

池杉

别　　名　池柏
科　　属　杉科 落羽杉属
拉丁学名　*Taxodium distichum* var. *imbricarium* (Nutt.) Croom

茎

呼吸根

球果

全株

　　落叶乔木。在原产地高达25米，常有膝状呼吸根。树皮褐色，纵裂，成长条片脱落。大枝条向上伸展，树冠较窄，呈尖塔形。当年生小枝绿色，细长，通常微向下弯垂，二年生小枝呈褐红色。叶钻形，微内曲。球果圆球形，有短梗，向下斜垂，熟时褐黄色；种鳞木质，盾形；种子不规则三角形，微扁，红褐色。花期3—4月，球果10月成熟。产于北美东南部，耐水湿，生于沼泽地区及水湿地上。我国长江流域常见栽培。

　　池杉已成为我国长江流域平原水网地区主要造林绿化树之一。树形优美，秋叶鲜褐色，也常在园林绿地种植观赏。

罗汉松

别　名　罗汉杉、土杉
科　属　罗汉松科罗汉松属
拉丁学名　*Podocarpus macrophyllus* (Thunb.) Sweet

常绿乔木。枝叶稠密。叶螺旋状互生，条状披针形，全缘，有明显的中脉。雄球花穗状，常3~5簇生于叶腋；雌球花单生叶腋，有梗。种子卵圆形，着生于肥厚肉质的种托上，种托红色或紫红色。花期4—5月，种子8—9月成熟。分布于长江流域以南各省区。栽培于庭园作观赏树或作盆景。野生的极少。

种子球状，肉质而肥大，着生于种托之上，全形犹似披着袈裟的罗汉，因此得名"罗汉松"。

未成熟种子

成熟种子

种子（红色部分为种托）

花序

全株

花

竹柏

别名 铁甲树
科属 罗汉松科竹柏属
拉丁学名 *Nageia nagi* (Thunb.) Kuntze

乔木。高达20米。树皮淡褐色至暗褐色，成小块薄片脱落。叶交互对生，排列紧密，质地厚，窄椭圆状披针形，无中脉，有多数并列细脉。雄球花多数簇生叶腋；雌球花单生叶腋，基部有少数苞片，花后苞片不增大成肉质种托。种子球形，套被肥厚肉质，有白粉。花期3—4月，种子10月成熟。产于我国东南部至华南。生于丘陵或山地林中。野生和栽培均有。

竹柏树形优美，为南方木材用料、油料（种子可榨油）及园林观赏树种，也可以栽种作行道树。

种子

全株

全株

雄花

苏铁

别名：避火蕉、铁树
科属：苏铁科苏铁属
拉丁学名：*Cycas revoluta* Thunb.

常绿乔木。茎柱状不分枝，茎干高1~4米。羽状叶，基部两侧有刺；羽片达100对以上，条形，质坚硬，先端锐尖，边缘向下卷曲。雄球花圆柱形，小孢子叶长方状楔形，有黄褐色绒毛；大孢子叶球扁球形（雌球花），密生黄褐色长绒毛，大孢子叶羽状分裂，其下方两侧着生数枚近球形的胚珠。种子卵圆形，熟时橘红色。花期6—7月，种子10月成熟。产于我国福建、广东及沿海山区。现普遍栽培作庭园观赏植物。

苏铁科是一亿五千年前中生代、恐龙时代地球上的优势植物，是少数现今仍存在的植物活化石。苏铁生长慢，寿命长。

大孢子叶下面包裹着种子

雌花

乔木 · 097

银杏

别　　名　白果、公孙树、鸭脚树
科　　属　银杏科银杏属
拉丁学名　*Ginkgo biloba* L.

种子　　　中种皮

花序　　　内种皮

秋天的黄叶

乔木。高达40米，胸径可达4米。叶折扇形，具长柄，先端常2裂，在长枝上互生，在短枝上簇生，叶在秋季落叶前变为黄色。球花雌雄异株，单性；雄球花柔荑花序状，下垂；雌球花具长梗，梗端常分两叉，风媒传粉。种子椭圆形，外种皮肉质，熟时黄色，外被白粉；中种皮白色，骨质，具2~3条纵脊；内种皮膜质，淡红褐色；胚乳肉质，味甘略苦。花期3—4月，种子9—10月成熟。我国北至沈阳，南至广东，均有栽培。

银杏是中国特产，为世界著名的古生树种，被称为"活化石"。生长较慢，寿命可长达千年以上。树干端直，秋叶鲜黄，非常美观，可作庭园树、行道树。种子供药用和食用，但有毒，不能多食。

全株

灌木

草木南粤（园林篇）

GUANMU

全株

夹竹桃

别名 柳叶桃
科属 夹竹桃科夹竹桃属
拉丁学名 *Nerium oleander* L.

常绿大灌木或小乔木，高3~6米。叶3~4枚轮生，窄披针形；硬革质，全缘。聚伞花序顶生；花冠深红色、粉红色或白色，花冠为单瓣呈5裂时，为漏斗状，喉部具5片鳞状副花冠；花瓣为重瓣时，裂片组成三轮。蓇葖果2，长圆形，两端较狭；种子顶端具有黄褐色绢质种毛。花期几乎全年，栽培很少结果。原产于伊朗、印度。我国各省均有栽培，南方尤其多，作园林观赏植物和行道植物。

夹竹桃对粉尘和烟尘有较强的吸附力，被誉为"绿色吸尘器"。全株有毒，含有一种叫夹竹桃甙的有毒物质，误食能使人致命。

常见的栽培品种还有：白花夹竹桃 *Nerium oleander* 'Album'、花叶夹竹桃 *Nerium oleander* 'Variegatum'、桃红夹竹桃 *Nerium oleander* 'Roseum'。

花（剖开）

种子带种毛

花

花

黄蝉

别　名	黄兰蝉
科　属	夹竹桃科黄蝉属
拉丁学名	*Allamanda schottii* Pohl

黄蝉属Allamanda 是源于荷兰植物学家F.Aemand的名字。

直立灌木，高达2米。叶3~5枚轮生，叶片长椭圆形，全缘。聚伞花序顶生，有花10数朵，花冠柠檬黄色，漏斗状，花冠筒基部膨大，中间有红褐色条纹斑；雄蕊内藏，花丝短。蒴果球形，密生长刺。花期5—10月，果期10—12月。原产巴西。现广泛栽培于热带地区。华南常见栽培。

黄蝉花色金黄，明艳，常种植于公园、公共绿化地等。植株乳汁有毒，人畜中毒会刺激心脏，致循环系统及呼吸系统出现障碍。

全株

果实

软枝黄蝉

别　名　无心花
科　属　夹竹桃科黄蝉属
拉丁学名　*Allamanda cathartica* L.

植株

软枝黄蝉

近似种：大花软枝黄蝉

　　藤状灌木，长达4米。叶纸质，通常3~4枚轮生，有时对生或互生，全缘，倒卵形或倒卵状披针形。聚伞花序顶生；花冠橙黄色，漏斗状5裂，内面具红褐色的脉纹。蒴果球形。花期春夏两季，果期冬季。原产南美洲。现广泛栽培于世界热带地区。华南常见栽培。

　　软枝黄蝉有个别名叫做"无心花"，即是看不到雄雌蕊，只看到空荡荡的花冠筒。"无心花"并非无心，撕开花朵，原来，雌蕊的柱头藏在花冠筒喉部，雄蕊的花药紧贴地排列在柱头上方，把花药和柱头都藏起来，靠长舌蜂来帮忙授粉。

重瓣狗牙花

别　名　白狗花、豆腐花
科　属　夹竹桃科狗牙花属
拉丁学名　*Tabernaemontana divaricata* 'Gouyahua'

全株　　　　　　　原种狗牙花（单瓣）

　　常绿灌木或小乔木。植株高可达3米。单叶对生，纸质，椭圆形或椭圆状矩圆形，叶面深绿色，全缘。聚伞花序腋生，通常双生，白色，重瓣，裂片向左覆盖，高脚碟状，边缘有皱纹，有香味。蓇葖果窄斜椭圆形，每个蓇葖果内有1~4颗种子，种子长圆形。花期4—9月，果期6—12月。多见栽培，常种植于公园、庭院、社区、路边做观赏植物。花朵洁白素雅，气味芬芳。

　　原种为狗牙花*Ervatamia divaricata* (L.) Burkill，单瓣，花冠裂片5，白色。产于印度、缅甸、泰国及华南。生于山地疏林中。

花

花

基及树

别　　名	福建茶
科　　属	紫草科基及树属
拉丁学名	*Carmona microphylla* (Lam.) G.Don

灌木。高1~3米，多分枝。叶在长枝上互生，在短枝上簇生，革质，倒卵形或匙状倒卵形，边缘上部有少数圆齿，两面疏生短硬毛，上面常有白色点。聚伞花序腋生或枝生，花小；花冠白色，钟状，裂片5，披针形。核果球形，成熟时为红色。花期4—10月，果期6—12月。产于广东、海南及台湾。我国南方广为栽培，作绿篱。

基及树的萌芽力强，耐修剪，常作盆景材料，供室内摆设。

果实

全株作绿篱

果实

红果仔

别　名 巴西红果、番樱桃
科　属 桃金娘科番樱桃属
拉丁学名 *Eugenia uniflora* L.

全株

花

果实

番樱桃属Eugenia 是源于奥地利王子Eugenede Savoie（1663—1736）的名字。

灌木或小乔木。高2~5米。叶片纸质，卵形至卵状披针形，两面无毛，有无数透明腺点。花白色，稍芬芳，单生或数朵聚生于叶腋。浆果球形，有八棱，熟时深红色。花期4—6月，果期6—8月。原产于巴西。福建、广东、香港、澳门、广西、四川、云南有栽培，作园林观果植物或绿篱。

果实成熟时深红色，可食，味道微甜。但不建议采食路边或者公园里栽种的红果仔，因为容易吃进残留农药和除虫剂，引起肠胃不适或中毒。

花

黄脉爵床

别　名　小苞黄脉爵床
科　属　爵床科爵床属
拉丁学名　*Sanchezia parvibracteata* Sprague & Hutch.

常绿灌木。高1~3米。嫩枝四棱柱形，具沟槽。叶片长圆形或椭圆形，边缘为波状圆齿，侧脉8~15条，与中脉均为黄色。花冠橘黄色，管状，端5裂，近圆形，花开后外卷；雄蕊2枚，伸出冠外。蒴果条状椭圆形。花期3—10月，果期6—12月。原产南美洲厄瓜多尔，现热带地区广泛栽培。华南常见栽培，作观叶和观花植物。

植株

花

花　　　　　　　　　　　　果实

蓝花草

别　名　人字草、芦莉草、翠芦莉
科　属　爵床科蓝花草属
拉丁学名　*Ruellia simplex* C. Wright

　　常绿小灌木。植株高30~100厘米。茎方形，具沟槽。单叶互生，线状披针形，全缘或具疏锯齿，两面无毛。二歧聚伞花序，腋生，花冠漏斗状，紫蓝色，5裂；雄蕊4。蒴果长圆形。花期6—10月，果期7月至翌年2月。原产美洲墨西哥，现热带地区广为栽培。我国台湾、福建、广东、香港、海南和广西也有栽培。

　　花色艳丽，抗逆性强，适应性广，对环境要求不高，被广泛应用于花径、自然式庭园造景、盆栽、地被或花坛镶边观赏。

全株

鸡冠爵床

别　　名　红楼花、红苞花
科　　属　爵床科红楼花属
拉丁学名　*Odontonema tubaeforme* (Bertol.) Kuntze

全株

叶

灌木。高1~3米。茎四棱柱状，具沟槽。叶片卵形、椭圆形或卵状椭圆形，全缘或波状。聚伞花序，花在花序轴的每节上轮生；花冠红色，花冠筒细长，檐部微呈二唇形；雄蕊4，能育2，退化2。蒴果棒状。花期7月至翌年2月，果期9月至翌年5月。原产墨西哥，现热带地区广为栽培。我国华南地区广为栽培，为良好的观赏植物，偶见逸生。

花

花

金苞花

别　　名　黄虾花、黄金宝塔
科　　属　爵床科金苞花属
拉丁学名　*Pachystachys lutea* Nees

直立灌木。高可达2米。茎圆柱形。叶膜质，长圆状披针形，全缘，无毛。穗状花序顶生或腋生；苞片黄色，密覆瓦状排列；花冠白色，被柔毛和腺点，檐部二唇形。蒴果椭圆形，具种子4颗。花期4—8月，果期7—11月。原产秘鲁和墨西哥。华南广为栽培。

塔状苞片金黄色，所以得名"金苞花"。花期长，适作会场、厅堂、居室及阳台装饰。南方用于布置花坛，也可做花径；北方则为温室盆栽花卉。

花

全株

灌木 · 111

可爱花

别名：喜花草、蓝花仔
科属：爵床科喜花草属
拉丁学名：*Eranthemum pulchellum* Andrews

灌木。高可达2米，枝四棱形。叶对生，叶片卵形、椭圆形，全缘或有不明显的钝齿。穗状花序具覆瓦状排列的苞片；苞片大，叶状，白绿色；花冠蓝色，高脚碟状，筒部细，外被微柔毛，冠檐裂片5，通常倒卵形；雄蕊2枚，稍外露。蒴果棒状。花期10月至翌年3月，果期12月至翌年5月。原产印度、不丹、尼泊尔，现世界热带和亚热带地区常见栽培。华南常见栽培。

花朵密集而清雅宜人，长江流域及其以北地区常盆栽观赏，以南地区常植于庭园或公园绿地观赏。

全株

花蕾

全株

小驳骨

别名：驳骨草、接骨木
科属：爵床科爵床属
拉丁学名：*Justicia gendarussa* N. L. Burm.

常绿灌木。高约1米。茎圆柱形，嫩枝常深紫色。叶纸质，狭披针形至披针状线形，顶端渐尖，基部渐狭，全缘。穗状花序顶生，花多而密；花冠白色或粉红色，上唇长圆状卵形，下唇浅3裂。蒴果无毛。花期春季，果期夏季至秋季。原产于亚洲东南部和南部。我国华南及西南地区有栽培。多栽种作绿篱。

据《广州植物志》载："味辛，性温，治风邪，理跌打，调酒服；摘取其茎叶煎水，洗涤筋骨患处，有舒筋活络之效。"

花

叶序

灌木·113

花

叶　　　　　　　　　荚果　　　　　　　　　全株

金凤花

别　　名　黄金凤、洋金凤
科　　属　豆科云实属
拉丁学名　*Caesalpinia pulcherrima* (L.) Sw.

种子

　　灌木或小乔木。二回羽状复叶，有羽片8~20枚；小叶10~24枚，矩圆形，偏斜，先端圆，微缺，基部圆形，无毛。伞房状的总状花序顶生或腋生；花瓣圆形，黄色或橙黄色，边缘呈波状皱折；花丝基部有毛，高出花冠2~3倍。荚果近条形，扁平。花期、果期全年。原产美洲的巴哈马群岛和安的列斯群岛。我国台湾、福建、广东、香港、澳门、海南、广西和云南普遍有栽培。

　　金凤花花型奇特，雄蕊众多且修长，伸出花朵外面，像蝴蝶的触须。盛花开放时候，犹如一群彩凤飞舞，非常壮观，具有较高的观赏性。

朱缨花

别　　名　美蕊花、红绒球
科　　属　豆科朱缨花属
拉丁学名　*Calliandra haematocephala* Hassk.

叶片

晚间叶片合拢

灌木。二回羽状复叶；小叶7~9对，斜披针形。头状花序腋生，有花25~40朵；花冠管淡紫红色，顶端具5裂片，裂片反折；雄蕊突露于花冠之外，非常显著。荚果线状倒披针形，暗棕色，成熟时由顶至基部沿缝线开裂，果瓣外反。花期近全年，果期4—10月。原产美洲热带地区。我国台湾、福建、广东、香港、澳门和广西亦普遍栽培。

朱缨花具有显著的豆科夜感应性。每到傍晚天色昏暗的时候，叶片会合拢成垂直状；到第二天早上光线明亮的时候，叶片又重新慢慢舒展开来，呈水平线。

荚果

花

双荚决明

别　名　双荚槐
科　属　豆科望江南属
拉丁学名　*Senna bicapsularis* (L.) Roxb.

荚果

全株

花

直立灌木。多分枝，无毛。羽状复叶，有小叶3~5对；小叶倒卵形或倒卵状圆形，膜质，顶端圆钝，背面粉绿色。总状花序生于枝条顶端的叶腋间，常集成伞房花序状，有花8~14朵，花瓣5，鲜黄色，雄蕊10枚。荚果圆柱状，膜质，直或微曲。花期10—11月，果期11月至翌年3月。原产美洲热带地区。我国台湾、福建、广东、香港、澳门、海南、广西和云南亦普遍有栽培。

花美丽色艳，开花期长，观赏价值高。宜植作绿篱、道路分隔带以及在庭园中丛植或片植。

花

翅荚决明

别　名	有翅决明
科　属	豆科望江南属
拉丁学名	*Senna alata* (L.) Roxb.

灌木。高1.5~3米。羽状复叶，叶柄和叶轴上有2条纵棱条，有狭翅；小叶6~12对，薄革质，倒卵状长圆形或长圆形。花瓣黄色，有明显的紫色脉纹；位于上部的3枚雄蕊退化，7枚雄蕊发育。荚果长带状，果瓣的中央顶部有直贯至基部的翅，翅纸质，具圆钝的齿。花期、果期7—12月。原产美洲热带地区，现广布于热带地区。我国台湾、福建、广东、香港、澳门、海南、广西和云南亦普遍有栽培。

花期长，花朵鲜艳，是很好的观花植物。常被用作缓泻剂，种子有驱蛔虫之效。

全株

花、果

龙船花

别　名　仙丹花
科　属　茜草科龙船花属
拉丁学名　*Ixora chinensis* Lam.

小灌木。高0.8~2米。叶对生，纸质，披针形、矩圆状披针形或矩圆状倒卵形，全缘。花冠橙红色或黄红色，高脚碟状，裂片4，倒卵形或近圆形；雄蕊与花冠裂片同数，着生于花冠筒喉部。浆果近球形，紫红色。花期4—10月，果期7—12月。原产亚洲热带地区，华南有野生。现有人工栽培作观赏植物，花色美丽，花期长，在园林和绿地中单植、丛植或植于花坛均有良好的景观效果。

原种

园艺品种

全株（园艺品种）

红纸扇

别　名	红玉叶金花、血萼花
科　属	茜草科玉叶金花属
拉丁学名	*Mussaenda erythrophylla* Schumach.& Thonn.

全株

近似种：粉萼花

灌木。叶对生，纸质，披针状椭圆形，两面被稀柔毛，全缘。聚伞花序顶生；花萼裂片5，其中1萼片扩大成深红色叶状，萼叶卵圆形；花小，花冠金黄色，高脚碟状。浆果球形。花期夏季、秋季，果期秋季。原产西非。我国引入栽培作园林观赏植物。

红纸扇不失为一个"广告达人"，懂得扬长避短，它本身的花朵非常小，但它将一枚萼片变态为鲜红的叶状，红艳夺目，引来蜂蝶的注意，完成授粉目的。

除了红纸扇外，还有粉红、浅粉、肉粉色等园林品种；园林常见的有粉萼花 *Mussaenda hybrida* 'Alicia'。

花

叉尾太阳鸟啄食希茉莉的花蜜

常绿灌木。有时蔓性。叶3~4枚轮生，倒卵状椭圆形至卵形，全缘，两面有毛。聚伞花序，花冠红色或橙红色，管状，端5裂。浆果卵球形。花期春末到秋季。原产美国、墨西哥及南美洲热带地区。我国台湾、福建、广东、香港、澳门、广西、海南、云南均有栽培。

本种枝叶茂密，四季常绿，花期长，花色艳丽，是优良的木本花卉；亦可作为栅栏、矮墙或花门的垂直绿化植物。

希茉莉

别　名	长隔木
科　属	茜草科长隔木属
拉丁学名	*Hamelia patens* Jacq.

植株

花

全株作绿篱

果实

假连翘

别　　名　番仔刺、篱笆树
科　　属　马鞭草科假连翘属
拉丁学名　*Duranta erecta* L.

假连翘属Duranta是16世纪意大利医生兼植物学家Castore Durantes的名字。

常绿灌木或小乔木。高1.5~3米；枝细长，拱形下垂，有时具刺。单叶对生，片叶纸质，倒卵形，中上部有疏齿，或近全缘。总状花序；花冠蓝色或淡紫色，花筒稍弯曲，端5裂；雄蕊4。核果球形，橙黄色，有光泽，包藏于扩大的花萼内，经冬不落。花期、果期全年。

原产中美洲、南美洲热带地区，华南城市庭园有栽培。喜光，耐半阴，耐修剪，生长快，多作为绿篱材料。

常见的还有4个栽培品种：

（1）白花假连翘*Duranta erecta*'Alba'，花冠白色。

（2）金叶假连翘*Duranta erecta*'Dwarf Yellow'，嫩叶金黄色，花冠淡紫色。

（3）花叶假连翘*Duranta erecta*'Variegata'，叶片有黄色或白色斑纹，花冠淡紫色。

（4）矮生假连翘*Duranta erecta*'Dwarftype'，植株矮，枝叶及花均甚密生，花冠深紫色。

全株

花　　　　　近似种：蔓马缨丹

马缨丹

别名 五色梅、臭草、如意草
科属 马鞭草科马缨丹属
拉丁学名 *Lantana camara* L.

果实

灌木。高1~2米。茎四棱柱形，有糙毛，有臭味。叶对生，卵形至卵状矩圆形，边缘有锯齿，两面都有糙毛。头状花序腋生；花冠黄色、橙黄色、粉红色以至深红色。核果圆球形，成熟时紫黑色。花期、果期全年。

原产美洲热带地区。我国庭园有栽培。花色多样、花期长，多种植于路边、坡地等绿化地。

普遍栽培的有下列品种：
（1）黄花马缨丹 *Lantana camara* 'Flava'。
（2）粉花马缨丹 *Lantana camara* 'Rose Queen'。
（3）白花马缨丹 *Lantana camara* 'Alba'。
（4）橙红马缨丹 *Lantana camara* 'Mista'。
（5）红花马缨丹 *Lantana camara* 'Sanguinea'。
（6）花叶马缨丹 *Lantana camara* 'Yellow Wonder'。

此外，近似种蔓马缨丹 *Lantana montevidensis*（Spreng.）Briq.，花玫瑰紫色，茎匍匐，原产南美洲，常在华南地区作地被植物，花期全年。

近似种：蔓马缨丹

灌木·123

花

臭牡丹

别　名 尖齿臭茉莉、臭八宝、矮桐子
科　属 马鞭草科大青属
拉丁学名 *Clerodendrum bungei* Steud.

灌木。高1~2米，植株有臭味。叶片纸质，宽卵形或卵形，边缘具粗或细锯齿，基部脉腋有数个盘状腺体。伞房状聚伞花序顶生，密集；花冠淡红色、红色或紫红色，管状，裂片倒卵形；雄蕊及花柱均突出花冠外。核果近球形，成熟时蓝黑色。花期、果期5—11月。分布于华南、华中、华东、西南。生于海边林下、山地疏林中或林缘。南方地区常见栽培作园林观赏植物。

臭牡丹花色艳丽，花期长，有观赏价值。根、茎、叶入药，有祛风解毒、消肿止痛之效，还用于治疗子宫脱垂。

花

果实

全株　　　　　　　　　叶

冬红

别名	帽子花
科属	马鞭草科冬红属
拉丁学名	*Holmskioldia sanguinea* Retz.

冬红属 Holmskioldia 是源于丹麦植物学家 Theodor Holmskiold（1732—1794）的名字。

灌木。小枝四棱形，具四槽。叶对生，膜质，卵形或宽卵形，叶缘有锯齿，两面均有稀疏毛及腺点。聚伞花序常2~6个再组成圆锥状；花萼朱红色或橙红色，由基部向上扩张成一阔倒圆锥形的碟，边缘有稀疏睫毛；花冠朱红色，管状，有腺点；雄蕊4。果实倒卵形，包藏于宿存扩大的花萼内。花期、果期冬末春初。原产喜马拉雅山脉地区。华南常见栽培，供观赏。

冬红的花萼片扩展形似帽檐，故又称"帽子花"。花色鲜艳，常引来叉尾太阳鸟等啄食花蜜。

花、果实

赪桐

别　　名　状元红、朱桐
科　　属　马鞭草科大青属
拉丁学名　*Clerodendrum japonicum* (Thunb.) Sweet

果实　　　　　　　　全株

　　灌木。高1~4米。叶对生，宽卵形或心形，边缘常有细齿，上面疏生小糙毛，下面密生土黄色腺点。大型聚伞圆锥花序顶生，鲜红色；花萼5深裂，几达基部，裂片卵形；花冠管状；花柱超出雄蕊。果实近球形，成熟时蓝黑色。花期、果期5—11月。分布于华南、华东、西南。山野自生或栽培。华南常见栽培。

　　本种鲜红艳丽，开花持久不衰，常引来蝴蝶前来访花采蜜，蝶影翩跹，跟花色相映生辉，美不胜收。全株药用，有祛风利湿、消肿散瘀的功效。

别　名	圣诞树、老来娇、状元红
科　属	大戟科 大戟属
拉丁学名	*Euphorbia pulcherrima* Willd. ex Klotzsch

一品红

大帛斑蝶吸食花蜜

全株

灌木。高1～3米，全株含丰富白色乳汁。叶互生，卵状椭圆形、长椭圆形或披针形，全缘或波状浅裂；苞叶5～7枚，狭椭圆形，朱红色。花序数个聚伞排列于枝顶；总苞坛状，淡绿色；腺体常1枚，极少2枚，黄色，常压扁，呈两唇状。雄花多数，常伸出总苞之外；雌花1枚。蒴果，三棱状圆形。花期、果期10月至翌年4月。原产于墨西哥和中美洲，现广泛栽培于热带及亚热带地区。我国南方各省区均有栽培。

一品红的每个总苞上通常有1枚黄色腺体，常压扁，呈两唇状，里面有花蜜。硕大的红色苞片引来蝴蝶，蝴蝶的吸器非常精准地插进腺体内吸食花蜜，令人惊叹。

引人注目的红色苞叶及黄色腺体

铁海棠

别　名　虎刺梅、麒麟刺
科　属　大戟科大戟属
拉丁学名　*Euphorbia milii* Des Moul.

肾圆形的红色苞叶

茎刺

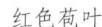
红色苞叶

全株

蔓生灌木。高达1米，具丰富乳汁。密生硬而尖的锥状刺，常呈3~5列排列于棱脊上。叶肉质，互生，倒卵形或长圆状匙形，全缘。二歧状复花序；苞叶2枚，肾圆形，红色，紧贴花序；总苞钟状；腺体5枚，肾圆形，黄红色。雄花数枚；雌花1枚，常不伸出总苞外。蒴果三棱状卵形。花期、果期全年。原产于马达加斯加（非洲），现世界各地广泛栽培。我国南、北方均有栽培。

铁海棠真正的花形小，无花瓣；2枚苞片肾状且鲜红，常被误认为花瓣，其功能是通过艳丽色彩吸引昆虫前来访花。

本种栽培品甚多，常见有：

（1）大叶铁海棠*Euphorbia milii* 'Splendens'，植株矮小，叶较大，长6~15厘米。杯状聚伞花序的苞叶呈红色。

（2）黄苞铁海棠*Euphorbia milii* 'Tananarivae Leandri'，植株及叶与大叶铁海棠相同，但杯状聚伞花序的苞叶呈黄色。

（3）白苞铁海棠*Euphorbia milii* 'Albida'，植株及叶与大叶铁海棠相同，但杯状聚伞花序的苞叶呈白色。

灌木·129

琴叶珊瑚

别　名　南洋樱、琴叶樱
科　属　大戟科麻疯树属
拉丁学名　*Jatropha integerrima* Jacq.

果实

雌花

雄花

常绿灌木。植株高1~2米，具白色乳汁。单叶互生，倒阔披针形，全缘，稀3裂；叶基有2~3对锐刺。聚伞花序腋生，花瓣5片，花冠紫红色，单性花，雌雄同株，自着生于不同的花序上。蒴果球形，具3棱。花期、果期全年。原产于美洲西印度群岛，现广泛栽培于各热带地区。华南常见栽培。花色艳丽，花期长，常种植于公园、小区绿化地。

叶形似中国乐器中的古琴而得名"琴叶珊瑚"。花单性，雌雄同株。雌花长在花序的中心，侧生4~6朵雄花，雌花先开，再开周围的雄花，先后错开，异花授粉，保障下一代的质量。

叶（叶基有2~3对锐刺）

全株

园艺品种：琴叶变叶木

园艺品种：蜂腰变叶木

植株

变叶木

别　名：变色月桂、洒金榕
科　属：大戟科变叶木属
拉丁学名：*Codiaeum variegatum* (L.) Rumph. ex A.Juss.

花序

叶

直立灌木。叶形多变化，倒披针形、条状倒披针形、条形、椭圆形或匙形，不分裂或叶片中部中断而将叶片分成上下两片，质厚，绿色或杂以白色、黄色或红色斑纹。总状花序腋生；花小，单性，雌雄同株；花白色。蒴果球形。花期9—10月。原产于亚洲马来半岛至大洋洲。现广泛栽培于热带地区。我国南方各省常见栽培。

易扦插繁殖，园艺品种多（大部分是杂交育成），常见的栽培品种有：

（1）细叶变叶木 *Codiaeum variegatum* 'Taeniosum'，叶条形，细而长。

（2）阔叶变叶木 *Codiaeum variegatum* 'Platyphyllum'，叶卵形或椭圆形。

（3）戟叶变叶木 *Codiaeum variegatum* 'Lobatum'，叶宽，有3裂。

（4）旋叶变叶木 *Codiaeum variegatum* 'Crispum'，叶带形，不规则地螺旋扭曲。

（5）蜂腰变叶木 *Codiaeum variegatum* 'Appendiculatum'，叶带形，分成两段，中间以中脉连接，形似黄蜂细腰。

（6）长叶变叶木 *Codiaeum variegatum* 'Ambiguum'，叶带形。

灌木 · 131

雌花

果

叶背

常绿灌木。植株高1~2米，有白色乳汁。叶对生或3枚轮生，叶片狭长椭圆形，边缘有细浅齿。表面深绿色，有光泽，背面紫红色。花单性，雌雄异株，穗状花序，黄色，无花瓣；雌花序由3~5朵花组成；雄花苞片阔卵形。蒴果球形，具3圆棱，橘红色，顶部凹陷。花期全年。生长于丘陵灌丛中。全球广泛栽培。南方城市常栽种于公园、绿地、住宅区作绿篱。

其叶背为红色而得名"红背桂"。其变种绿背桂 Excoecaria cochinchinensis var. viridis (Pax et Hoffm.) Merr.，叶片稍宽。产于我国海南。南方园林有少量种植。

红背桂

别　名　红紫木、紫背桂
科　属　大戟科海漆属
拉丁学名　*Excoecaria cochinchinensis* Lour.

全株作绿篱

使君子

别　　名　留求子、病疳子、杜蒺藜子
科　　属　使君子科使君子属
拉丁学名　*Quisqualis indica* L.

花

果实

叶

落叶藤状灌木。长2~8米；嫩枝和幼叶有黄褐色短柔毛。叶对生，薄纸质，矩圆形、椭圆形至卵形，两面有黄褐色短柔毛。穗状花序顶生，下垂；花瓣5，初开白色，后变淡红乃至深红；雄蕊10。核果橄榄核状，有5棱。花期5—11月，果期6—12月。原于产印度。分布于华南、西南、华东，常见栽培，种植于庭园棚架观赏。有重瓣品种。

相传北宋期间，一位叫郭使君的郎中，无意中发现该植物的果实可以驱人体内蛔虫，后在行医中逐步推广，于是该植物取名为"使君子"。种子含使君子酸钾；有小毒，加工后入药，治小儿疳积和驱蛔虫。

园艺品种：重瓣使君子

植株

木犀

别　　名　桂花
科　　属　木犀科木犀属
拉丁学名　*Osmanthus fragrans* Lour.

园艺品种：丹桂

园艺品种：银桂

园艺品种：金桂

　　常绿灌木或小乔木。叶革质，椭圆形至椭圆状披针形，全缘或上半部疏生细锯齿。花序簇生于叶腋；花冠乳白色、淡黄色、金黄色或橙红色，极芳香，4裂。核果椭圆形，熟时紫黑色。花期9—11月，果期翌年1—4月。原产贵州、四川和云南，现各地广泛栽培或逸生。为优良的庭园观赏树。

　　花极芬芳，是杭州、苏州、桂林、合肥等城市的市花，也是名贵的食用香料和蜜源植物。

全株（四季桂）

果实

本种有四个栽培品种：
（1）丹桂 Osmanthus fragrans 'Aurantiacus'，花橙黄色，秋季开花。
（2）银桂 Osmanthus fragrans 'Latifolia'，花乳白色，秋季开花。
（3）金桂 Osmanthus fragrans 'Thunbergii'，花金黄色，秋季、冬季开花。
（4）四季桂 Osmanthus fragrans 'Everaflorus'，花淡黄色，四季开花。

四季桂

灌木·135

花吸引报喜斑粉蝶

叶

果

小蜡

别　名　山指甲
科　属　木犀科女贞属
拉丁学名　*Ligustrum sinense* Lour.

灌木或小乔木。高2~4米。叶片纸质或薄革质，卵形或椭圆状卵形。圆锥花序顶生或腋生，塔形，花白色，花香浓郁。花冠裂片长圆状椭圆形。核果近球形，成熟时黑色。花期3—6月，果期9—12月。产于长江以南各省区。野生或栽培。

小蜡枝叶细密，耐修剪整形，生长慢，常于庭园栽种作绿篱。

全株作绿篱

叶

花

全株作绿篱

灌木。高0.5~3米，枝细长呈藤本状。单叶对生，膜质或薄纸质，宽卵形或椭圆形，全缘，两面无毛。聚伞花序；花白色芳香，重瓣；花萼有柔毛或无毛，裂片8~9，条形；花冠裂片矩圆形至近圆形，顶部钝，约和花冠筒等长。浆果球形，紫黑色。花期5—8月，果期7—9月。原产印度。现世界各地广泛栽培。中国南方亦有栽培，为园林观赏植物。

本种的花极为芳香，是花茶原料及重要的香精原料。花、叶、根可入药，可治目赤肿痛，并有止咳化痰、疏肝解郁和行气止痛之功效。

别　名	茉莉
科　属	木犀科素馨属
拉丁学名	*Jasminum sambac* (L.) Aiton

茉莉花

花

尖叶木犀榄

别　　名　锈鳞木犀榄
科　　属　木犀科木犀榄属
拉丁学名　*Olea europaea* subsp. *cuspidata* (Wall. & G.Don) Cif.

修剪造型后枝叶

叶

常绿灌木或小乔木。小枝具纵槽，密被锈色鳞片。叶对生，革质，狭披针形，先端尖，叶缘稍反卷，表面深绿光亮，背面密被锈色鳞片。圆锥花序腋生；花白色，两性；花冠裂片长于筒部。果宽椭圆形，成熟时呈暗褐色。花期4—8月，果期8—11月。原产于云南及四川西部。生于林中或河畔灌丛。我国台湾、福建、广东、广西、香港均有栽培。

本种枝叶细密，萌芽力强，耐修建，宜造型，嫩叶淡黄色，颇为美观，是很好的园林绿化树种，可单植或植作绿篱。

全株

花

含笑花

别　　名　含笑梅、香蕉花
科　　属　木兰科含笑属
拉丁学名　*Michelia figo* (Lour.) Spreng.

花蕾　　　　　果实

　　含笑属Michelia是源于意大利植物学家Pietro Antonio Micheli（1679—1737）的名字。

　　常绿灌木。高2~3米。小枝及叶柄均密生黄褐色绒毛。叶革质，较小，狭椭圆形或倒卵状椭圆形，全缘。花单生于叶腋，淡黄色而边缘有时红色或紫色，芳香；花被片6，长椭圆形。聚合蓇葖果，卵圆形或圆形，顶端有短喙。花期3—10月，果期7—11月。原产华南各省区。现长江以南地区广泛栽培。

　　含笑花的英文名"Banana Shrub"，译文为"香蕉丛"；花开的时候，散发出一股香蕉似的芬芳，这种气味能改善空气质量。花可作芳香油和供药用；花瓣可用制花茶。

全株

灌木 · 139

花

夜香树

别名 夜来香、洋素馨
科属 茄科夜香树属
拉丁学名 *Cestrum nocturnum* L.

灌木。高2~3米。单叶互生，纸质，矩圆状卵形或矩圆状披针形，全缘。伞房花序；花绿白色至黄绿色，晚间极香；花萼短，5齿裂；花冠狭长管状，上部稍扩大，5浅裂，裂片短尖，近直立。浆果倒卵球形。花期、果期全年。原产于热带美洲，现广泛栽培于各热带地区。我国福建、台湾、广东、香港、澳门、海南、广西、云南均有栽培。

夜香树花色淡雅，是著名的芳香树种，但不太适合在狭小空间或空气不流通的地方栽种，味道太浓郁，容易引起鼻炎患者不适。叶可入药，能清热消肿，外敷可治痈疮和乳腺炎。

全株

果实

全株

果实

大花鸳鸯茉莉

别　名　番茉莉、二色茉莉
科　属　茄科鸳鸯茉莉属
拉丁学名　*Brunfelsia pauciflora* (Cham. & Schltdl.) Benth.

灌木。多分枝，无毛。叶互生，卵形、椭圆形至椭圆状披针形，先端尖或钝，革质，具短柄。花萼光滑无毛，花冠漏斗形，筒部细，檐部5裂，边缘稍波状；花初开时蓝紫色，后渐变淡至白色；1~10朵成顶生聚伞花序。浆果卵球形。花期全年，果期秋季。原产于巴西及西印度群岛，现世界各地普遍栽培观赏。华南常见栽培。花大芬芳，常栽种于绿化带或公园里。

名字中的"鸳鸯"两字是指同一植株上有两种颜色的花并存，这是因为开花过程中颜色随时间而变化，初开时为蓝紫色，后渐变成白色。常见的同属植物还有鸳鸯茉莉 *Brunfelsia acuminata* Benth.，花朵较小，亦是华南区常见园林植物。

花

灌木· 141

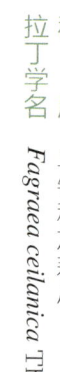

灰莉

别　名	华灰莉、非洲茉莉
科　属	马钱科灰莉属
拉丁学名	*Fagraea ceilanica* Thumb.

全株

灰莉属Fagraea是源于瑞典医生兼植物学家Jonas Theodore Fagraeus（1729—1797）的名字。

灌木或小乔木。叶片肉质，椭圆形，叶面深绿色，全缘。花单生或组成顶生二歧聚伞花序；花冠白色，漏斗状5。浆果卵状或近圆球状，顶端有尖喙，淡绿色。花期4—8月，果期7月至翌年3月。原产于印度及东南亚，我国台湾、华南及云南有分布。生于山地密林中或石灰岩地区阔叶林中。华南常见栽培。

萌发力强，耐修剪，枝叶浓绿光洁，可作绿篱；又可盆栽，置于宾馆或礼堂等场所，美化环境。

果实

花

全株

别　名	米兰、碎米兰
科　属	楝科米仔兰属
拉丁学名	*Aglaia odorata* Lour.

米仔兰

米仔兰属Aglaia 是希腊语Aglaia（古希腊女神名），指花气味芳香。

常绿灌木或小乔木。多分枝；幼嫩部分常被星状锈色鳞片。单数羽状复叶互生；小叶3～5，纸质，对生，倒卵形至矩圆形，全缘，两面无毛。花小而多，黄色，极香。浆果卵形，成熟时红色。种子有肉质的假种皮。花期6—10月，果期7月至翌年3月。原产于东南亚，现广植于热带及亚热带地区。我国长江流域及以南各地均有栽培。

花朵黄色圆球形，小如粟米，密似繁星，香胜蕙兰，像一串串的小米穗挂在植株上，因而得名"米仔兰"。著名的香花树种，适合公园、小区、庭园种植观赏，或路边做绿篱。

果实 　　　　　　　　　花

花

果实

叶

九里香

别　　名　华石桂树
科　　属　芸香科九里香属
拉丁学名　*Murraya exotica* L.

　　九里香属*Murraya*是源于瑞典植物学家John Andrew Murray（1704—1791）的名字。

　　常绿灌木或小乔木。多分枝；单数羽状复叶，叶轴不具翅；小叶3~9，互生，变异大，由卵形、倒卵形至近菱形，全缘。聚伞花序；花白色，极芳香；花瓣5，倒披针形或狭矩圆形，有透明腺点；雄蕊10，不等长。浆果朱红色，卵球形或圆球形。花期4—10月，果期9—12月。产于亚洲热带地区，华南及西南地区有分布。我国南方栽培广泛。

　　花可提芳香油；全株药用，能活血散瘀、行气活络。常用作绿篱和道路隔离带植物。

全株

植株

木芙蓉

别　　名	芙蓉花、拒霜花
科　　属	锦葵科木槿属
拉丁学名	*Hibiscus mutabilis* L.

花初开

花变色

落叶灌木或小乔木。高2~5米。茎具星状毛及短柔毛。叶片纸质，卵圆状心形，常5~7裂，裂片三角形，边缘钝齿，两面均具星状毛。花单生枝端叶腋；花萼钟形，5裂；花冠初开时白色，渐变粉红色至红色。蒴果扁球形，被黄色刚毛及绵毛，果瓣5，成熟后开裂；种子多数，肾形。花期8—11月，果期12月。原产我国。除东北、西北外，广布全国各地，常作园林栽培。

"晓妆如玉暮如霞，幽姿芙蓉独自芳"。清晨初开时，花朵洁白，午后慢慢转为粉红色，到傍晚花朵快闭合时，颜色呈深红色，故有"三醉芙蓉"之美称。四川成都因为普遍栽种木芙蓉而有"蓉城"之称。

常见栽培的还有重瓣木芙蓉 *Hibiscus mutabilis* 'Plenus'。

果实

花

木槿

别　名　朝开暮落花
科　属　锦葵科木槿属
拉丁学名　*Hibiscus syriacus* L.

　　落叶灌木。叶片纸质，菱状卵圆形，常3裂。花单生叶腋；花萼钟形，裂片5；花瓣5，淡紫色。蒴果卵圆形，密生星状绒毛；种子肾形，背面被白色长柔毛。花期6—9月，果期9—11月。原产于我国中部各省区，全国各地均有栽培。花色美丽，园林中多用作花篱、绿篱。

　　《国风·郑风》云"有女同车，颜如舜华……有女同行，颜如舜英"。诗人盛赞心仪的女子，容颜如木槿花般美丽。

　　舜华、舜英，是指木槿花。而至唐朝，对木槿花词义已有变化。孟郊《孟东野集·审交》诗曰"小人槿花心，朝在夕不存"。自此木槿花被称为朝开暮落花，用以形容人心易变。

重瓣木槿

种子

灌木 · 147

植株

朱槿

别名：扶桑、大红花、状元红
科属：锦葵科木槿属
拉丁学名：Hibiscus rosa-sinensis L.

常绿灌木。高1~4米，分枝多。叶纸质，宽卵形或狭卵形，边缘具锯齿，两面无毛。花萼钟形，裂片5；花冠漏斗形，鲜红色；雄蕊柱长于花瓣；花柱分枝5。蒴果卵球形，成熟后开裂成5瓣；种子肾形，被长柔毛。花期全年。产于我国福建、广东、广西、云南、四川。生于山地疏林中，喜肥沃土壤，常栽培作绿篱。

朱槿的某种园艺品种的果实

花侧面，可见钟形萼片、苞片

不同的园艺品种

朱槿的园艺品种非常多，瓣型变化大，既有单瓣，也有重瓣。花色多，常见深红色、黄色、白色等；多栽种于路边或庭园作观赏植物。朱槿是马来西亚、苏丹的国花，也是广西南宁市的市花。

花

紫薇

别　名　百日红、怕痒树
科　属　千屈菜科紫薇属
拉丁学名　*Lagerstroemia indica* L.

花

落叶灌木或小乔木。树皮褐色，薄片剥落后特别平滑。叶椭圆形至倒卵形，全缘。圆锥花序顶生；花亮粉红至紫红色；花瓣6，近圆形，呈皱缩状，边缘有不规则缺刻，基部具长爪；雄蕊多数。蒴果近球形，6瓣裂；种子有翅。花期6—9月，果期9—12月。分布于华东、华中、华南与西南。栽培或野生。栽培品种丰富，花色多，有白色、粉红色、红色等。

紫薇的花期长达4个月，从夏至秋，花开不断，故名"百日红"。其树干光滑，用手触摸，虽无风却可见树身轻摇，有如人怕痒态，故别名称"痒痒树"。

全株

果实

茎

全株作绿篱

细叶萼距花

别　名　满天星
科　属　千屈菜科萼距花属
拉丁学名　*Cuphea hyssopifolia* Kunth

　　常绿小灌木。植株高30~60厘米。叶对生，线形、线状披针形或倒线状披针形。花单生叶腋，萼筒绿色；花瓣6，紫红色、淡紫色、白色。雄蕊9~11枚，花丝长短不等。蒴果椭圆形，有种子数颗。花期全年。原产于南美洲巴西、墨西哥及危地马拉。我国南方常见栽培。

　　枝叶密集，花色鲜艳，花期长，不择土壤，宜作为花坛、花径及低矮绿篱的材料。细叶萼距花单生于叶腋，小而多，盛花时似满天繁星，故又名"繁星花"。

花

灌木 · 151

花枝

虾子花属Woodfordia是源于英国植物学家James Woodford的名字。

灌木。单叶对生，革质，披针形或狭披针形，全缘。聚伞花序腋生，圆锥状；花两性；花萼筒状，鲜红色，口部略偏斜，具6齿；花瓣小，红色，着生于萼齿间；雄蕊12，明显伸出萼管。蒴果狭椭圆形。花期3—4月。产于非洲马达加斯加、印度至我国西南部，生于干热河谷的旱生灌木丛中。我国南方常见栽培，作观赏植物。

花鲜艳而美丽，雄蕊伸出冠筒外面，像烧熟了的虾，因此得名"虾子花"。开花期间，常引来朱背啄花鸟、红胸啄花鸟等鸟类啄食花蜜。

花

虾子花
别　名　虾仔花
科　属　千屈菜科虾子花属
拉丁学名　*Woodfordia fruticosa* (L.) Kurz

全株

前来啄食花蜜的朱背啄花鸟

阔叶十大功劳

科　属　小檗科十大功劳属
拉丁学名　*Mahonia bealei* (Fortune) Pynaert

果实

花

灌木。小叶7~15，侧生小叶卵状椭圆形，内侧有大刺齿1~4，外侧有大刺齿3~6，边缘反卷，上面暗灰绿色，背面被白霜，厚革质而硬，顶生小叶明显较宽，卵形。总状花序直立，通常3~9个簇生；花黄色，花瓣倒卵状椭圆形，基部腺体明显。浆果卵形，深蓝色，被白粉。花期9月至翌年1月，果期3—5月。

产于我国中部和南部。生于阔叶林、竹林、杉木林及混交林下、林缘或灌丛中。我国长江流域及其以南地区常植于庭园观赏；北方城市则常于温室盆栽观赏。全株药用。

全株

花

南天竹

别名：南天竺
科属：小檗科南天竹属
拉丁学名：*Nandina domestica* Thunb.

小灌木。高1~3米，幼枝常为红色。叶互生，集生于茎的上部，三回羽状复叶；二至三回羽片对生；小叶薄革质，椭圆形或椭圆状披针形，全缘，冬季变红色。圆锥花序直立；花小，白色，具芳香。浆果球形，熟时鲜红色。花期3—6月，果期5—11月。原产于中国和日本。现各国广为栽培。我国长江流域及其以南地区庭园多栽培，北方常温室栽培，是赏叶及观果佳品。果实有毒。

果实

叶

秋叶

常见栽培变种有：
(1) 玉果南天竹 *Nandina domestica* 'Leucocarpa'，果黄白色，冬天叶子不变红。
(2) 橙果南天竹 *Nandina domestica* 'Aurentiaca'，果实成熟时橙色。
(3) 细叶南天竹 *Nandina domestica* 'Capillaris'，植株矮小，叶形狭窄如丝。
(4) 五彩南天竹 *Nandina domestica* 'Porphyrocarpa'，植株矮小，叶色多变。
(5) 小叶南天竹 *Nandina domestica* 'Parvifolia'，叶小形小，果实红色。
(6) 矮南天竹 *Nandina domestica* 'Nana'，矮灌木，树冠紧密球形。

植株

巴西野牡丹

别　　名　山石榴、巴西蒂牡丹

科　　属　野牡丹科蒂牡丹属

拉丁学名　*Tibouchina semidecandra* (Mart. & Schrank ex DC.) Cogn.

全株作绿篱

花

常绿灌木。植株高30～100厘米；枝条红褐色，四棱柱形，密被茸毛和糙伏毛。叶对生，纸质，长椭圆形或披针形，两面俱密被毛，全缘。总状花序顶生，花冠紫蓝色，花瓣5，倒卵形；雄蕊10，5长5短，花药内折，线状圆柱形。蒴果球形，密被毛。花期、果期全年。原产于巴西，热带、亚热带地区广泛种植。我国南方常有栽培。

花色艳丽，花多且密，花期长，习性强健，多种植于路边、草地、林缘。

全株

植株

锦绣杜鹃

别名 毛鹃
科属 杜鹃花科杜鹃花属
拉丁学名 *Rhododendron × pulchrum* Sweet

灌木。分枝稀疏,幼枝密生淡棕色扁平伏毛。叶纸质,长椭圆形,边缘有睫毛。伞形花序顶生,花冠玫瑰红至亮红色,上瓣有浓红色斑,轮状,雄蕊5枚。蒴果卵形。花期4—5月。果期9—10月。原产于日本,为天然杂交种。华南地区常作园林栽培。花色美丽明艳,观赏性很高,常于岩石旁、池畔、草坪边缘丛栽,或盆栽摆放宾馆和公共场所。

锦绣杜鹃有5枚花瓣,其中上部1枚布满浓红色斑,是对昆虫发出的蜜导信号,让昆虫看到后前来访花并完成授粉。

不同花色的锦绣杜鹃

灌木 · 157

全株作绿篱

叶子花

别　名	三角梅、宝巾、簕杜鹃
科　属	紫茉莉科叶子花属
拉丁学名	*Bougainvillea spectabilis* Willd.

艳丽苞片和白色花朵

不同花色的园艺品种

攀援灌木。茎粗壮,枝下垂,有枝刺。单叶互生,纸质,卵形或卵状披针形,全缘。花顶生,常3朵簇生于枝端的3个苞片内;苞片叶状,椭圆形,纸质。瘦果圆柱形或棍棒状,具5棱。花期全年。原产于巴西,广泛栽培于热带及亚热带地区。我国南方普遍有栽培。常种植于庭园、公园或者道路两边作花篱。园艺品种很多,苞片颜色有砖红、粉红、橙红、橙黄等。

真正的花其实很细小,外围的苞片大而美丽,很容易被误认为是花瓣,因其形状似叶,故称其为"叶子花",它利用苞片的艳丽色彩,吸引昆虫前来帮它完成授粉。

花

红花檵木

别　名 红桎木
科　属 金缕梅科檵木属
拉丁学名 *Loropetalum chinense* var. *rubrum* Yieh

　　常绿灌木或小乔木。嫩枝红褐色，密被星状毛。叶互生，革质，卵圆形或椭圆形，两面均有星状毛，全缘，暗红色。花3～8朵簇生；花瓣4，红色，条形。蒴果木质，倒卵圆形，有星状毛，2瓣裂开。花期4—5月，果期9—10月。分布在长江中、下游以南，北回归线以北地区。现在人工栽培。

　　萌芽力和发枝力强，耐修剪，常作观赏植物种植于公园、庭园、道路绿化带，也可造型或作花篱观赏。红花檵木为檵木*Loropetalum chinense* (R. Br.) Oliver 的变种。

全株

绿篱

种子

全株

果实

海桐

别　名：海桐花
科　属：海桐花科 海桐花属
拉丁学名：*Pittosporum tobira* (Thunb.) W. T. Aiton

海桐花属Pittosporum是希腊语pitta（树脂）+ spora（种子）的意思，指种子藏于油质肉瓤内。

常绿灌木或小乔木。叶互生，革质，倒卵形，上面深绿色，发亮，全缘，边缘反卷。伞形花序，密被黄褐色柔毛；花白色，有芳香，后变黄色；花瓣5，倒披针形，离生；雄蕊二型，退化雄蕊和正常雄蕊。蒴果圆球形，有棱或呈三角形。花期3—5月，果期5—10月。原产于我国台湾北部、朝鲜南部和日本南部。我国华南、华中、华东、西南普遍栽培。

萌芽力强，耐修剪，枝叶茂盛，花开清香，多作房屋基础种植及绿篱，吸收二氧化硫等有毒气体能力强。经长期栽培，雄蕊常表现退化而不育，结实率低。

叶片

花

未成熟果实

成熟果实

花

爆仗竹

别　名　吉祥草、鞭状竹
科　属　玄参科 爆仗竹属
拉丁学名　*Russelia equisetiformis* Schlecht. & Cham.

爆仗竹属Russelia是来源于英国学士会会员Petrik Russel（1726—1805）的名字。

灌木。高可达1米，全体无毛。茎分枝轮生，细长，具棱，悬垂。叶轮生，退化为披针形的鳞片。聚伞圆锥花序狭长，小聚伞花序有花1~3朵；花冠红色，具长筒，不明显二唇形，上唇2裂，下唇3裂；雄蕊4枚，内藏，退化雄蕊极小，位于花冠筒基部的后方。蒴果球形，室间开裂。花期全年。原产于墨西哥。现在热带及亚热带地区广泛栽培并有归化。我国广东、广西、云南、福建、澳门、香港等地常见栽培。

本种分枝柔弱下垂，花色鲜红，可作为花廊、花架、栅栏、花门等处的垂直绿化带。

植株

斑叶鹅掌藤

别　名　花叶鸭脚木、花叶鹅掌藤
科　属　五加科鹅掌柴属
拉丁学名　*Schefflera arboricola* 'Variegata'

果实

植株

常绿灌木。掌状复叶，小叶6~9枚，革质，长卵圆形或椭圆形，全缘，叶绿色，叶面具不规则黄色斑块。伞形花序再总状排列，有花8~10朵；花瓣5~6，淡黄色。核果球形，成熟时黄色。花期8—11月，果期10—12月。斑叶鹅掌藤为栽培品种，常种植于小区、公园等绿化带，作观叶植物。

花

花

嫩叶

八角金盘

科　属　五加科八角金盘属
拉丁学名　*Fatsia japonica* (Thunb.) Decne. & Planch.

常绿灌木或小乔木。常成丛生状。幼嫩枝叶多易脱落性的褐色毛。单叶互生，近圆形，掌状7～11深裂，叶缘有齿，革质，表面深绿色而有光泽；叶柄长，基部膨大；无托叶。圆锥花序顶生，花小，乳白色。花期夏秋季。原产于日本。耐寒性不强。长江以南城市可以露地栽培，北方常温室盆栽观赏。

植株

植株

棕竹

别名：裂叶棕竹
科属：棕榈科 棕竹属
拉丁学名：*Rhapis excelsa* (Thunb.) Henry

丛生灌木。茎圆柱形，有节，有叶鞘。叶掌状，5~10深裂；裂片条状披针形，顶端有不规则齿缺，边缘和主脉上有褐色小锐齿。肉穗花序，多分枝；花雌雄异株，雄花较小，淡黄色，无柄；雌花较大，卵状球形。浆果球形。花期6—7月。分布于我国东南部至西南部；日本也有。生于山地疏林中。华南常见栽培。

常栽植于庭园中作绿篱，或者盆栽观赏。秆可作手杖和伞柄；根药用，治劳损；叶鞘纤维治鼻衄、咯血、产后血崩。

花

果实

花

散尾葵

别　　名　黄椰子
科　　属　棕榈科散尾葵属
拉丁学名　*Dypsis lutescens* (H. Wendl.) Beentje & J. Dransf.

植株

丛生灌木。叶羽状全裂，平展而稍下弯，羽片40~60对，2列，黄绿色，表面有蜡质白粉，披针形；叶柄及叶轴光滑，黄绿色，上面具沟槽，背面凸圆；叶鞘长而略膨大。花序生于叶鞘之下，呈圆锥花序，花单性同株；花小，卵球形，金黄色，螺旋状着生于小穗轴上。果实倒卵形，鲜时土黄色，干时紫黑色。花期5月，果期8月。原产于马达加斯加。热带和亚热带地区常见栽培。我国南方常见栽培。

本种树形优美，是很好的庭园绿化树种，也是热带园林景观中最受欢迎的棕榈科植物之一。切叶是插花花艺常用的材料之一。

果实　　　　　　　　　　叶　　　　　　　　　　叶鞘

灌木·167

草本

草木南粤（园林篇）

CAOBEN

韭兰

别　　名　风雨花
科　　属　石蒜科葱莲属
拉丁学名　*Zephyranthes carinata* Herb.

花

多年生草本。鳞茎卵球形。基生叶常数枚簇生，线形，扁平。花单生于花茎顶端，下有佛焰苞状总苞；花玫瑰红色或粉红色；花被裂片6，裂片倒卵形；雄蕊6。蒴果近球形；种子黑色。花期夏秋季。原产于南美洲。我国南方各地亦常见引种栽培。

植株优美，花美丽，为良好的观赏植物，全株药用，有消肿散瘀的功效。

韭兰跟同属植物小韭兰*Zephyranthes rosea* Lindl.容易混淆，前者花瓣宽，粉红色；后者花瓣较为狭窄，深桃红色。

全株

全株

花

花茎中空

葱兰

别　名　葱莲、玉帘
科　属　石蒜科葱莲属
拉丁学名　*Zephyranthes candida* (Lindl.) Herb.

多年生草本。鳞茎卵形。叶狭线形，肥厚，亮绿色。花茎中空；花单生于花茎顶端，下有带褐红色的佛焰苞状总苞，总苞片顶端2裂；花梗长约1厘米；花白色，外面常带淡红色。蒴果近球形，3瓣开裂；种子黑色，扁平。花期3—4月和8—11月。原产于南美洲。现世界各地广为栽培。我国南方各地亦常见栽培。

植株优美，花美丽，为良好的观赏植物。全株药用，有消肿散瘀的功效。

全株

水鬼蕉

别名：蜘蛛兰
科属：石蒜科水鬼蕉属
拉丁学名：*Hymenocallis littoralis* (Jacq.) Salisb.

多年生草本。叶基生，10~12枚，倒披针形，深绿色，多脉。花葶硬而扁平，实心；花茎顶端生花3~8朵，白色，花被筒长裂，披针形；雄蕊6枚，着生于喉部，下部为被膜联合成杯状或漏斗状副冠。花绿白色，有香气。蒴果未见。花期6—8月。原产于美洲热带地区，西印度群岛。我国华南地区引种栽培供观赏。

水鬼蕉属名Hymenocallis来自希腊语hymen及kallos两词，意为"具有美的带膜副冠"。花瓣细长，向四周任意伸展，形似蜘蛛的长腿，别名亦叫"蜘蛛兰"。

花

文殊兰

别　　名　文珠兰、罗裙带
科　　属　石蒜科文殊兰属
拉丁学名　*Crinum asiaticum* var. *sinicum* (Roxbex Herb.) Baker

花

果实

种子

多年生草本。鳞茎圆柱形。叶近肉质，带状披针形，簇生。花葶粗壮，高达1米。聚伞花序顶生，有花10~24朵，芳香；总苞片阔佛焰苞状，苞片膜质，白色；花冠高脚碟状，纯白色，花被管纤细，上部裂片6。蒴果扁球形，浅黄色。花期6—8月，果期11—12月。原产于亚洲热带地区。我国南方常作园林观赏植物栽培。

本种株形优雅，花色素洁，芳香馥郁，花期长，开花繁多，栽培容易，是优良的观赏植物，也是佛教中的"五树六花"之一。全株有毒，鳞茎毒性最大。

全株

草本·173

全株

红花文殊兰

别　名　红花文殊兰
科　属　石蒜科文殊兰属
拉丁学名　*Crinum × amabile* Donn

多年生草本。植株高60~100厘米，叶片为大型宽带形，全缘，叶色翠绿。花葶自鳞茎中抽出，顶生伞形花序，每花序有小花20余朵；花被筒暗紫色；花瓣5枚，长条形，紫红色，边缘为白色或浅粉色的宽条纹，具芳香。蒴果球形。花期夏季。原产于印度尼西亚。我国华南一些城市引种作为园林观赏植物。

花

不同花色的朱顶红（全株）

朱顶红（品种"白肋"）

朱顶红

别　名　华胄兰、红花莲
科　属　石蒜科朱顶红属
拉丁学名　*Hippeastrum vittatum* (L'Hér.) Herb.

多年生草本。鳞茎近球形。叶6~8枚，花后抽出，鲜绿色，带形。花葶直立，中空，稍扁，具有白粉。花2~4朵，佛焰苞状总苞片披针形；花被管绿色，圆筒状，花被裂片长圆形，橙红色，喉部有小鳞片。浆果卵球形。花期4—6月，果期夏季。原产于南美洲。世界各地常有栽培。我国南北各地亦有栽培。

朱顶红花大，色泽艳丽，可以种植在路边观赏，也可以盆栽种植于家庭阳台。品种花色非常丰富，有深红、橙黄、粉红、白色等。

品种"白肋"的果实

花

种子

射干

别　名　交剪草、野萱草
科　属　鸢尾科射干属
拉丁学名　*Belamcanda chinensis* (L.) Redouté

多年生草本。根状茎横走。叶2列，宽剑形，扁平。茎直立。伞房花序顶生；花橙黄色，花被片6，外轮长倒卵形或椭圆形，开展，散生暗红色斑点，内轮与外轮相似而稍小。蒴果倒卵圆形；种子近球形，黑色，有光泽。花期6—8月，果期7—9月。广布于全国各省区。多生于山坡、草地、沟谷及滩地。各地常有栽培作园林观赏植物。

花色秀丽，花期长。叶和花均是插花的良材。

果实

全株

巴西鸢尾

别　名 美丽鸢尾、马蝶花
科　属 鸢尾科巴西鸢尾属
拉丁学名 *Neomarica gracilis* (Herb.) Sprague

果实

母株上长出的小苗

　　多年生草本。株高30~40厘米。叶片两列，带状形，自短茎处抽生。花茎扁平；花从花茎顶端鞘状苞片内开出，花被片6，外3片白色，基部褐色，浅黄色斑纹；内3片前端蓝紫色，带白色条纹，基部褐色，黄色斑纹，直立内卷。花期4—9月。原产于巴西及墨西哥。热带地区广为栽培。华南常见栽培。

　　巴西鸢尾的繁殖方式很奇特，在开花后会从花鞘内长出小苗，小苗越长越大最后降至土表，发根成苗，而小苗隔年就有开花能力。性喜阴，多种植于公园荫蔽处下的路边、水岸边、花径、花坛里作观赏植物，或盆栽供室内摆设。

花

全株

全株作地被植物

南美蟛蜞菊

别　　名　三裂叶蟛蜞菊
科　　属　菊科 蟛蜞菊属
拉丁学名　*Sphagneticola trilobata* (L.) Pruski

多年生草本。匍匐状。叶对生，矩圆状披针形，全缘或有锯齿，主脉3条，叶片绿色，光亮。头状花序，腋生或顶生；边缘舌状花1层，舌片黄色，长圆形，先端具2~3裂齿；中央管状花多数，花冠黄色。瘦果扁平，无冠毛。花期、果期全年。原产于热带美洲。现华南地区广为栽培。作覆盖荒坡、裸地或花坛等的地被植物。

南美蟛蜞菊不择土壤，生长极为迅速，竞争性强，并能抑制其他植物生长，大面积野外逸生，已经严重影响到其他原生本土植物的正常生长，这是需要深思和重视的。

花

叶

秋英属Cosmos 源自希腊语 kosmos（装饰），指花美丽。

"秋英"这书面名字，对许多人来说并不熟悉，但如果说"波斯菊"或"格桑花"，马上你就会恍然大悟道"哦，原来是它。"可见别名比正名更深入民心。西南藏区多种植秋英，花色美丽，藏民称为"格桑花"，藏语"美丽动人的花"的意思。

花 　　　　　　　种子

全株

秋英

别　名　波斯菊、大波斯菊
科　属　菊科秋英属
拉丁学名　*Cosmos bipinnata* Cav.

一年生或多年生草本。根纺锤形。茎无毛或疏被短柔毛。叶片二回羽状全裂，小裂片条形或细条形。头状花序，单生于茎上及枝端；外围舌状花少数，舌片椭圆状倒卵形，紫红色、粉红色或白色，先端有3～5钝齿；中央管状花花冠黄色，檐部裂片披针形；花柱先端具短突尖的附属物。瘦果圆柱形，黑紫色，无毛，先端具长喙；冠毛为2～3芒刺，芒刺上具倒刺毛。花期6—8月，果期9—10月。原产于墨西哥。我国各地常有栽培和逸生。

为著名的观赏花卉；入药，有清热解毒和明目化湿的功效。

不同花色的秋英

草本 · 181

整体效果图

孔雀草

别　　名　小万寿菊、红黄草
科　　属　菊科万寿菊属
拉丁学名　*Tagetes patula* L.

花

万寿菊属Tagetes是拉丁神话Tagetes中的神名。

一年生草本。高30～100厘米。叶羽状分裂，裂片线状披针形，边缘有锯齿。头状花序单生；总苞长椭圆形，上端具锐齿，有腺点；舌状花金黄色或橙色，带有红色斑，舌片近圆形；管状花花冠黄色，具5齿裂。瘦果线形。花期、果期7—11月。原产于墨西哥。热带、亚热带地区常有栽培。我国南北各地庭园常有栽培。

通常盆栽供观赏；全草入药，有清热、利湿、止咳和止痛的功效。

再力花

别　名　水竹芋
科　属　竹芋科水竹芋属
拉丁学名　*Thalia dealbata* Fraser

全株

水竹芋属Thalia是源于十六世纪的德国博物学家Johann.Thal的名字。

多年生挺水草本。植株高1～2米。叶基生，4～6片；叶柄较长，下部鞘状，基部略膨大；叶片卵状披针形，浅灰蓝色，边缘紫色，叶背表面被白粉。穗状圆锥花序，花小，2～3朵，紫红色。全株附有白粉。蒴果近圆球形或倒卵状球形。花期夏季。原产于美国南部和墨西哥。华南常见栽培，作观赏水生植物。

再力花的授粉非常有趣。当蜂鸟飞来采蜜碰到花心时，柱头（雌蕊）产生应激反应，把空洞的一侧弯向鸟喙，把鸟喙上带来的其他花朵的花粉掳下来；然后弯曲，把另一侧柱头上携带着自己花药的花粉给了鸟喙，不知不觉中蜂鸟喙上的花粉换了一批，柱头的弯曲巧妙地安排了授粉。

被困在花朵里的昆虫

花

全株

水烛

别　名　水蜡烛、狭叶香蒲
科　属　香蒲科香蒲属
拉丁学名　*Typha angustifolia* L.

多年生水生或沼生草本。地上茎直立，粗壮，叶鞘抱茎。雄花序轴具褐色扁柔毛，单出，或分叉；雄花由3枚雄蕊合生；孕性雌花柱头窄条形或披针形；不孕雌花子房倒圆锥形，不育柱头短尖。小坚果长椭圆形。花期、果期6～9月。产于东北、华北、西北、华中等地区。生于湖泊、河流、池塘、沼泽、沟渠。华南地区常种植于池塘作观赏水生植物。

花粉即蒲黄入药；叶片用于编织、造纸等；幼叶基部和根状茎先端可作蔬食；雌花序可作枕芯和坐垫的填充物，是重要的水生经济植物之一。

全株

金边虎尾兰

别　名　金边虎皮兰
科　属　龙舌兰科虎尾兰属
拉丁学名　*Sansevieria trifasciata* var. *Laurentii* (De wild) N.E.Br.

多年生肉质草本。有横走根状茎。叶基生，直立，硬革质，扁平，长条状披针形，有白绿色和深绿色相间的横带斑纹且具宽的金黄色边缘，向下部渐狭成长短不等的、有槽的柄。花葶基部有淡褐色的膜质鞘；花淡绿色，每3～8朵簇生，排成总状花序。浆果。花期11—12月。

原产于非洲西部，我国各地有栽培，供观赏。常见的栽培品种还有：

（1）虎尾兰 *Sansevieria trifasciata* Prain。

（2）短叶虎尾兰*Sansevieria trifasciata* 'Hahnii'。

（3）金边短叶虎尾兰*Sansevieria trifasciata* 'Goldn Marginata Hahnii'。

花

花蕾

全株

花

别　名	蓬莱蕉、龟背蕉、龟背、电线草
科　属	天南星科龟背竹属
拉丁学名	*Monstera deliciosa* Liebm.

龟背竹

茎绿色，粗壮，具气生根。叶柄长常达1米；叶片大，心状卵形，厚革质，边缘羽状分裂，侧脉间有1~2个较大的空洞。佛焰苞厚革质，宽卵形，舟状，淡黄白色。肉穗花序近圆柱形，淡黄色。浆果淡黄色。花期8—9月，果于翌年成熟。原产于墨西哥。各热带地区有栽培。华南常见栽培，作观叶植物。

龟背竹来自墨西哥热带雨林，那里经常有暴风雨出现，而龟背竹的叶裂和叶孔可以疏通雨水且不挡风，避免被风吹雨打而受伤，是植物自我的保护措施。同时，叶还可作为插花的高级衬叶。

花、果

果实

春羽

别　　名　羽裂喜林芋
科　　属　天南星科 喜林芋属
拉丁学名　*Philodendron bipinnatifidum* Schott ex Endl.

多年生草本。植株高大，可达1.5米以上。茎直立性，呈木质化，生有很多气生根。叶柄坚挺而细长；叶为簇生型，着生于茎端，叶片巨大，为广心形，全叶羽状深裂似手掌状，革质，浓绿而有光泽。肉穗花序近圆柱形。浆果淡黄色。花期春季。原产于巴西、巴拉圭等地。华南常见栽培，作观叶植物。

春羽的植株长大后，由于重心作用，容易发生倾斜，如果旁边有乔木或者柱子之类的固定物，这些气生根会紧紧缠绕固定物几个圈，借力稳定植株，不至于歪倒，非常聪明。

花

缠绕柱子的气生根

全株

全株

海芋

别　名 姑婆芋、滴水观音
科　属 天南星科海芋属
拉丁学名 *Alocasia odora* (Lindl.) K.Koch

草本。茎粗壮，高达3米。叶聚生茎顶，卵状戟形；叶柄长达1米。佛焰苞下部筒状，上部稍弯曲呈舟形；肉穗花序稍短于佛焰苞，上部雄花，下部雌花，二者之间有不孕部分。浆果。花期、果期4—8月。分布于华南、西南、华东。生于山谷、水沟边或村庄附近。华南常见栽培，作观叶植物。

花序

花序特写

成熟的果实

海芋全株有毒。有一种叫"锚阿波萤叶甲"的昆虫,以海芋的叶子为食。在晚上,锚阿波萤叶甲会爬在海芋叶片下面,第一次用颚"画"出一个圆,海芋的毒汁在虚线上渗出,毒性减少,第二次才慢慢啃吃已经减毒了的"圆"内的叶片。

锚阿波萤叶甲在啃吃海芋叶片

花烛

别　名 红掌、蜡烛花
科　属 天南星科花烛属
拉丁学名 Anthurium andraeanum Linden ex Andre

红色佛焰苞及黄色肉穗花序

花烛属Anthurium是希腊语anthos（花）+oura（尾），指花生于尾状的肉穗花序上。

多年生草本。植株高30~80厘米。叶从根茎抽出，具长柄，革质，单生心形，鲜绿色，叶脉凹陷。花腋生，佛焰苞蜡质，正圆形至卵圆形，鲜红色、橙红肉色，表面皱折；肉穗花序，圆柱状，直立，黄色。果未见。花期全年。原产于南美洲热带。华南常见栽培，作盆景摆放或种植在园林花径。

苞片猩红艳丽，形似庙里供奉佛的烛台，肉穗花序，圆柱状，直立，整个佛焰花序恰似一枝插着蜡烛的烛台，因此得名"花烛"。也是常用的切花花艺材料之一，寓意大展宏图。

全株

合果芋

别　　名　白蝴蝶
科　　属　天南星科合果芋属
拉丁学名　*Syngonium podophyllum* Schott

气生根

花

幼苗期的叶形

成长株

多年生草本。茎蔓生或者攀援，节上有气生根。叶片初时心形，后变为箭形或戟形；成长株的叶片鸟足状，裂片3~9，分离或者基部合生。花序直立，佛焰苞，檐部舟形，肉穗花序短于佛焰苞，上部雄花，下部雌花。聚合果卵球形，红褐色。原产于墨西哥和哥斯达黎加，现广植于热带和亚热带地区。华南常见栽培。

本种叶形变化较大，先为心形，后为戟形，四季常绿，为优良的园林绿化植物，适合于垂直绿化或作地被。

全株

大藻

别　名	猪姆莲、天浮萍、水浮莲
科　属	天南星科大藻属
拉丁学名	*Pistia stratiotes* L.

水生飘浮草本。有长而悬垂的根多数，须根密集。叶簇生成莲座状，叶片常因发育阶段不同而形异：倒三角形、倒卵形、扇形，以至倒卵状长楔形，二面被毛。佛焰苞白色，外被茸毛。花期5—11月。我国长江以南各省广泛分布。野生或栽培。喜欢高温多雨的环境，多生长在淡水池塘、沟渠中。常作猪饲料。

大藻无性繁殖的分蘖能力非常强，生长迅速。据统计，夏季晴天高温时，1株大藻在10天左右可增殖7～8株，一个月可增殖60株左右。如果投放到流动的水生区，需要适当的人工监管及控制，以预防大面积蔓延而变为患。

分蘖出来的幼株

花

草木南粤（园林篇）

蜘蛛抱蛋

别　名 一叶兰
科　属 百合科蜘蛛抱蛋属
拉丁学名 *Aspidistra elatior* Blume

花

花（放大）

"蜘蛛抱蛋"这个名字非常生动有趣，可能源于其果实。果皮裂开时，里面有多粒种子，如蜘蛛妈妈保护着自己的卵宝宝不受外界伤害。

多年生草本。匍匐根状茎近圆柱形，多节，节上生根。叶单生，矩圆状披针形、披针形至近椭圆形，边缘多少皱波状，两面绿色，有时稍具黄白色斑点或条纹；叶柄明显，粗壮。花单生，花被钟状，外面带紫色或暗紫色，内面下部淡紫色或深紫色，上部6~8裂。花期、果期7~12月。原产于日本，我国南北各地广为栽培。

本种叶色常绿，株形美观，是优良的观叶植物，常栽种于南方各大公园。

果实裂开露出种子

全株

凤眼莲

别　名　水葫芦、布袋莲
科　属　天南星科凤眼莲属
拉丁学名　*Eichhornia crassipes* (Mart.) Solms

花

全株

浮水草本。高30～60厘米。须根发达。叶在基部丛生，莲座状排列，一般5～10片；叶片圆形或宽卵形，全缘，具弧形脉。穗状花序，通常具9～12朵花；花被裂片6枚，紫蓝色；花冠四周淡紫红色，中间蓝色，在蓝色的中央有一黄色圆斑。蒴果卵形。花期7—10月，果期8—11月。原产于巴西。现广布于我国长江、黄河流域及华南各省。生于水塘、江河、沟渠及稻田中。全草为家畜、家禽饲料。

叶柄中部膨大成囊状或纺锤形，内有许多多边形柱状细胞组成的气室，犹如一个橡皮艇，能浮于水面，随波逐流。繁殖能力强，生长迅速，需要适当的人工监管及控制，避免泛滥成灾，堵塞河道，影响交通及恶化水体环境。

充满海绵状组织的茎

整体效果图

全株作地被植物

银边山菅兰

科　属　百合科山菅兰属
拉丁学名　*Dianella ensifolia* 'White variegated'

多年生常绿草本。叶狭条状披针形，基部稍收窄成鞘状，套叠或抱茎，边缘具锯齿，叶片边缘白色，叶中常具有白色条纹。圆锥花序，花朵多，绿白色、淡黄色到青紫色。浆果紫蓝色。花期、果期3—10月。

银边山菅兰为栽培品种。叶姿优美，极为雅致，常片植于林下、林缘、山石边，景观效果极佳，也可以盆栽用于室内或者阳台观赏。

全株

叶带银边

花

吊兰

别　　名　挂兰
科　　属　百合科吊兰属
拉丁学名　*Chlorophytum comosum* (Thunb.) Jacques

母株上幼苗　　　　花

　　吊兰属Chlorophytum 是希腊语chloros（绿色的）+phyton（植物），指植株绿色。

　　多年生草本。根状茎短，根稍肥厚。叶剑形，绿色或有黄色条纹，向两端稍变狭。花葶比叶长，常变为匍枝而在近顶部具叶簇或幼小植株；花白色，常2~4朵簇生，排成疏散的总状花序或圆锥花序。蒴果三棱状扁球形。花期4—5月，果期8—9月。原产于非洲南部。现世界各地广泛栽培。我国南北各地亦见栽培。

　　吊兰的繁殖方式比较奇特，在原株花葶的顶部具叶簇和花结籽后长出幼小植株，可以摘取下来，移植到盆里，成为新的独立植株。广州民间取全草煎服，治声音嘶哑。

相似种：金边吊兰

植株

植株

长春花

别名　日日草、四时春
科属　夹竹桃科长春花属
拉丁学名　*Catharanthus roseus* (L.) G.Don

多年生直立草本或半灌木。叶对生，膜质，倒卵状矩圆形，顶端圆形。聚伞花序顶生或腋生，有花2～3朵；花冠红色，高脚碟状，花冠裂片5枚，向左覆盖；雄蕊5枚着生于花冠筒中部之上。蓇葖果2个，直立；种子无种毛，具颗状小瘤凸起。花期、果期全年。原产于非洲东部。我国西南、华南、中南及华东各省区也有栽培。

长春花全株有毒，它的根、叶含有大量吲哚生物碱，会抑制人体白细胞，异长春碱有明显诱变和导致畸胎作用，不适合家庭阳台种植。栽培品种有：白长春花 *Catharanthus roseus* 'Albus'。

果实

花

马利筋

别名 莲生桂子花、水羊角、黄花仔、红花矮陀陀
科属 萝藦科马利筋属
拉丁学名 *Asclepias curassavica* L.

马利筋属Asclepias 是源于古希腊医生Aesklepios的名字，指本属植物可供药用。

多年生草本。全株有白色乳汁。叶对生，膜质，披针形至椭圆状披针形，全缘。聚伞花序顶生，有花10~20朵；花冠橙色，裂片长圆形，反折；副花冠生于合蕊冠上，5裂，黄色，匙形。蓇葖果双生或单生，披针形，两端渐尖；种子卵圆形，顶端具白色绢质种毛。花期全年，果期8—12月。原产于拉丁美洲的西印度群岛。现热带和亚热带地区有栽培。我国华南、西南、华东均有栽培。

全株有毒，含多种牛角瓜强心甙、马利筋甙、异牛角瓜甙等，可作农药，驱杀害虫。也是金斑蝶、幻紫斑蝶的寄主植物。

植株

花具有副花冠

蓇葖果

带种毛的种子

草本·199

花叶艳山姜

别　　名 花叶良姜、彩叶姜
科　　属 姜科山姜属
拉丁学名 *Alpinia zerumbet* 'Variegata'

多年生草本。植株高1~2米，具根茎。叶具鞘，长椭圆形，两端渐尖，有金黄色纵斑纹。圆锥花序呈总状花序式，花序下垂，苞片白色，边缘黄色，顶端及基部粉红色。花冠乳白色，顶端粉红色；唇瓣匙状宽卵形，顶端皱波状，黄色而有紫红色纹彩。蒴果卵圆形，淡黄色，种子有棱角。花期4—6月，果期7—10月。原产地为东南亚热带地区。华南地区广泛种植。

叶形美观，颜色艳丽，是优良的园林观叶植物，常群植于路边或草地供观赏。

全株

果实

全株

香彩雀

别　名　天使花
科　属　玄参科香彩雀属
拉丁学名　*Angelonia angustifolia* Benth.

　　一年生草本。茎细，直立，多分枝。叶对生，长椭圆形，有短柄，边缘有锯齿。穗状花序，有白色、紫色和浅紫色。全年可开花，春夏尤盛。原产于南美洲。华南地区常见栽培，作观赏植物。

　　本种植株矮小，花色艳丽，可种植于花坛、花带或疏林下。喜光，耐酷暑，适宜湿润环境和疏松、排水良好土壤。

花

叶

草本 · 201

花

蓝猪耳

别　　名　夏堇、花公草
科　　属　玄参科蝴蝶草属
拉丁学名　*Torenia fournieri* Linden ex E.Fourn.

全株

　　一年生草本。叶片长卵形或卵形，几无毛，边缘具带短尖的粗锯齿。通常在枝的顶端排列成总状花序；花冠筒淡青紫色，背黄色；上唇直立，浅蓝色，宽倒卵形，顶端微凹；下唇裂片矩圆形或近圆形，紫蓝色，中裂片的中下部有一黄色斑块。蒴果长椭圆形。花期、果期6—12月。原产于亚洲和非洲热带地区。我国南方常见栽培。

　　本种花期长，花色多样，花姿优美，适合布置花坛、花径作观赏植物；也可以种植在家庭阳台。花色多样，有玫瑰红、紫罗兰和蓝白双色等。

植株

大花芦莉

别　名　艳芦莉、红花芦莉
科　属　爵床科芦莉草属
拉丁学名　*Ruellia elegans* Poir.

芦莉草属Ruellia是源于法国医生兼植物学家Jeandela Ruelle（1477—1537）的名字。

多年生草本。茎直立，分枝多，四棱柱形，具槽沟。叶片椭圆形或卵状披针形，基部楔形，先端渐尖，全缘。二歧聚伞花序，腋生，花冠漏斗状，红色，外面疏被长柔毛及腺毛，花冠筒内具短柔毛，檐部具5裂片，裂片近等大，长圆形；雄蕊4，伸出花冠筒外。蒴果卵球形。花期10月至翌年2月，果期12月至翌年5月。

原产于巴西。热带地区广为栽培。我国华南地区常见栽培。大花芦莉花色鲜艳，种植于公园、绿化区或花坛。

花

全株

蕉芋

别　　名　姜芋
科　　属　美人蕉科美人蕉属
拉丁学名　Canna indica L.

草本。根茎发达，多分枝，块状；茎粗壮，高可达3米。叶片长圆形或卵状长圆形，叶面绿色，边绿或背面紫色；叶鞘边缘紫色。总状花序；花单生或2朵聚生，小苞片卵形，淡紫色；萼片披针形，淡绿而染紫；花冠管杏黄色，花冠裂片杏黄而顶端染紫，披针形，直立；唇瓣披针形，卷曲，顶端2裂，上部红色，基部杏黄；子房圆球形，绿色，密被小疣状突起。花期9—10月。原产于西印度群岛和南美洲。我国华南及西南部有栽培。

蕉芋是广东农村地区种植较多的提取淀粉用的农作物之一，跟大戟科的木薯都广为种植，其块茎淀粉含量比木薯稍少；亦可煮食。茎叶纤维可造纸、制绳。

花

块茎

全株

旅人蕉

别　名：扇芭蕉、旅人木
科　属：旅人蕉科旅人蕉属
拉丁学名：*Ravenala madagascariensis* Sonn.

大型草本植物。可高达10米左右。茎直立，常丛生。叶大型，具长柄及叶鞘，在茎端成二列互生，呈折扇状；叶片长椭圆形。花序腋生，有花5~12朵，排成蝎尾状聚伞花序；萼片披针形；花瓣与萼片相似。蒴果开裂为3瓣；种子肾形。花期夏季。原产于非洲马达加斯加。我国华南地区常见栽培。

传闻在马达加斯加旅行的人口渴时，可用小刀戳穿叶柄基部得水而饮，故有"旅人蕉"之名。树形别致，为极富热带风光特征的观赏植物。

花

叶柄相交处（藏水处）

鹤望兰

别　　名　天堂鸟
科　　属　旅人蕉科鹤望兰属
拉丁学名　*Strelitzia reginae* Banks

多年生草本。高达1~2米。叶对生，革质，长椭圆形或长椭圆状卵形，下部边缘波状。叶柄比叶片长2~3倍，中央有纵槽沟。花数朵生于总花梗上。花序外有总佛焰苞片，绿色，舟状，边缘紫红；萼片披针形，橙黄色；箭头状花瓣基部具耳状裂片，和萼片等长，暗蓝色。蒴果，三棱形，木质。花期5—11月，果期10—12月。原产于非洲南部。华南常见栽培。

鹤望兰的花型奇特，色彩夺目，在切花材料中占着非常重要的主导位置，不同场合有不同的寓意，有驾鹤西归、大展宏图、比翼双飞的意思。

花

全株

花藏于硕大的苞片中

地涌金莲

别名：地母金莲
科属：芭蕉科地涌金莲属
拉丁学名：*Ensete lasiocarpum* (Franch.) Cheesman

草本。假茎矮小，高不及60厘米，基部有宿存的叶鞘。叶片长椭圆形，两侧对称，有白粉。花序直立，直接生于假茎上，密集如球穗状，苞片干膜质，黄色或淡黄色，有花2列，每列4~5花。浆果三棱状卵形。产于云南中部至西部。多生于山间坡地，或栽于庭园内，假茎作猪饲料。华南常见栽培，作观赏植物。

地涌金莲被佛教寺院定为"五树六花"之一，传说佛祖诞生时，每走一步，足下都会生出黄灿灿的金莲。地涌金莲也是傣族文学作品中善良的化身和惩恶的象征。

全株

一串红

别　名 爆仗红、炮仔花
科　属 唇形科鼠尾草属
拉丁学名 *Salvia splendens* Sellow ex Wied-Neuw.

半灌木状草本。叶片卵圆形，边缘具锯齿，两面无毛，下面具腺点。轮伞花序具2~6花，密集成顶生假总状花序；苞片卵圆形，大，花前包裹花蕾，顶端尾状渐尖；花萼钟状，红色；花冠红色，长约4厘米，直伸，筒状，上唇直伸，顶端微缺，下唇比上唇短，3裂，中裂片半圆形。小坚果椭圆形。花期、果期6—10月。原产于巴西，我国南北各地广泛栽培，作观赏用。

一串红色泽艳丽，花期长，适合布置大型花坛、公园花径等。花有各种颜色，大红色、紫色，甚至有白色的。

花

整体效果图

全株

彩叶草

- 别　名：五彩苏
- 科　属：唇形科 鞘蕊花属
- 拉丁学名：*Plectranthus scutellarioides* (L.) R.Br.

多年生草本。茎通常紫色，四棱形，被微柔毛，具分枝。叶膜质，其大小、形状及色泽变异很大，通常卵圆形，边缘具圆齿状锯齿或圆齿；色泽多样，有黄色、暗红、紫色及绿色，两面被微柔毛。圆锥花序，花小；苞片宽卵圆形；花萼钟形；花冠浅紫色至紫色或蓝色，冠檐二唇形，上唇短，直立，4裂，下唇延长，内凹，舟形。小坚果宽卵圆形。花期7月。原产于东南亚及太平洋岛屿。我国南北均有栽培。

园林中常用于路边、花坛、林缘绿化或镶边材料。盆栽可以置于窗台、阳台观赏。

叶

花

草本・209

整体效果图

蔓花生

别名：遍地黄金
科属：豆科落花生属
拉丁学名：*Arachis pintoi* Krapov. & W.C.Greg.

多年生草本。茎匍匐。羽状复叶有小叶2对；小叶昼开夜闭，椭圆形或倒卵状椭圆形。花冠黄色，各瓣均具甚短的瓣柄，旗瓣近圆形，翼瓣宽倒卵形，龙骨瓣狭窄。花期全年，未见结果。原产于南美洲及亚洲热带，热带地区广为栽培。我国南方亦普遍栽培。

蔓花生花色艳丽，花期长，覆盖能力强，园林中常用于路边、草坡等作地被植物。

花

210 · 草木南粤（园林篇）

花

醉蝶花

别　　名　紫龙须、蜘蛛花
科　　属　山柑科醉蝶花属
拉丁学名　*Cleome houtteana* Schltdl.

一年生草本。植株高1～1.5米。全株被黏质腺毛，有特殊臭味。叶草质，叶为具5～7小叶的掌状复叶；小叶椭圆状披针形或倒披针形，中间的小叶片最大，两面被毛。总状花序，花瓣粉红色，少见白色，在芽中时覆瓦状排列，无毛；瓣片倒卵状匙形，顶端圆形，基部渐狭。蒴果圆柱形。花期、果期3—10月。原产于美洲热带地区。我国南北均有栽培。

株型轻盈飘逸，盛开时像蝴蝶飞舞，具有很强的观赏性，常用于布置花坛、花径，或作盆栽观赏。

种子

花、叶

果实

全株

果实

果实和种子

凤仙花

别名：指甲花、急性子
科属：凤仙花科凤仙花属
拉丁学名：Impatiens balsamina L.

一年生草本。高40~100厘米。茎肉质。叶互生，披针形，边缘有锐锯齿；单生或数枚簇生叶腋，密生短柔毛。花大，通常粉红色或杂色，单瓣或重瓣；旗瓣圆，先端凹，有小尖头，背面中肋有龙骨突；翼瓣宽大，有短柄，二裂；唇瓣舟形，生疏短柔毛，基部突然延长成细而内弯的距。蒴果纺锤形，密生茸毛，种子多数，球形，黑色，有小瘤状突起。花期、果期6—12月。原产于亚洲东南部。现世界各地常见栽培。我国南、北各省均有栽培。

凤仙花属Impatiens，意思是迫不及待（急性子）。其蒴果纺锤形，密生茸毛，成熟后，用手指稍微碰一下蒴果即爆裂，种子借张力弹射出来，是典型的借自力弹射来传播种子的植物。

种子

非洲凤仙花

别　名 洋凤仙、苏丹凤仙
科　属 凤仙花科凤仙花属
拉丁学名 *Impatiens walleriana* Hook. f.

雄花状态

雌花状态

雄花、雌花并存

多年生草本。植株高30~70厘米。茎直立。叶片宽椭圆形或卵形至长圆状椭圆形，边缘钝锯齿状，两面无毛。花腋生，1~3朵；花形扁平，花色多样，常见有深红色、粉红色、紫红色、白色等；旗瓣宽倒心形或倒卵形，翼瓣无柄，唇瓣浅舟状，基部急收缩成线状内弯的细距。蒴果纺锤形，无毛。花期、果期全年。原产于非洲。现在世界各地广泛引种栽培。华南常见栽培，多用于布置花坛、花径、路边绿化等。

非洲凤仙花有个非常有趣的两蕊异熟的授粉机制：首先，花苞初期，雄花花药展开；其次，花药成熟期，全部展开；最后，雄蕊脱落，露出雌蕊，雌蕊柱头裂片开展，雌蕊成熟。两蕊异熟，防止自花授粉，完成先后"变性"过程，先雄后雌。

果实

整体效果图

鸡冠花

别　　名　鸡髻花、老来红、芦花鸡冠
科　　属　苋科青葙属
拉丁学名　*Celosia cristata* L.

全株 　　　　　　　　花、叶

一年生草本。高60～90厘米。叶卵形、卵状披针形或披针形，全缘。花序顶生，扁平鸡冠状，中部以下多花；苞片、小苞片和花被片紫色、黄色或淡红色，膜质，宿存；雄蕊花丝下部合生成杯状。胞果卵形。花期、果期6—12月。原产于亚洲热带地区。温带至热带地区普遍有栽培，我国南北各地有栽培。

鸡冠花对二氧化硫、氯化氢等有良好的抗性，具有绿化、美化和净化环境等多重作用，多种植于庭园、公园、绿化地的花坛或花径。花和种子药用，清热止血，治痢疾、痔疮出血等。

花

全株

红龙草

别　名　红苋草
科　属　苋科莲子草属
拉丁学名　*Alternanthera dentate* 'Ruliginosa'

多年生草本。株高30~50厘米。嫩茎四棱形，老茎圆柱形。嫩枝及嫩叶具柔毛。叶对生，长椭圆形，全缘，幼叶暗紫红色，成熟叶紫红色或暗紫色，下面仅脉上被糙伏毛，上面被糙伏毛。头状花序，花浅黄色，花小，无花梗，两性；苞片和花被干膜质，白色至淡绿色。胞果长卵形。花期、果期9月至翌年3月。原产于中美洲、南美洲热带地区。我国华南地区有引种栽培。

其叶色鲜艳，抗性强，耐修剪，生长茂盛，常群植作为观叶植物。

叶片

花

整体效果图

花叶冷水花

别名：花叶荨麻
科属：荨麻科冷水花属
拉丁学名：*Pilea cadierei* Gagnep. & Guill.

多年生草本。具匍匐根茎。叶对生，倒卵形，边缘自下部以上有数枚不整齐的浅牙齿或啮蚀状，上面深绿色，中央有2条（有时在边缘也有2条）间断的白斑，下面淡绿色。花雌雄异株，花小，白色；雄花序头状，常成对生于叶腋；雄花倒梨形，花被片4。花期9—11月。原产于印度。华南常见栽培。

叶有独特的白色斑带，是优良的观叶植物，常用作地被植物，适合较蔽荫和路边、林下或山石边片植。或盆栽用于窗台、几桌和案头陈设。

花

四季秋海棠

别　　名：玻璃海棠
科　　属：秋海棠科 秋海棠属
拉丁学名：*Begonia cucullata* var. *hookeri* (A.DC.) L.B.Sm. & B.G.Schub.

雄花

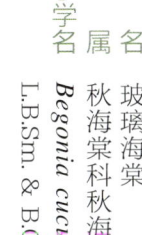

雌花

秋海棠属 Begonia 是源于德国植物学家 Michel Begon（1638—1710）的名字。

多年生肉质草本。植株高15～30厘米。茎直立，肉质。叶互生，卵形或宽卵形，边缘有锯齿和睫毛，主脉通常微红。花淡红色，数朵聚生于腋生的总花梗上；雌雄异花同株，雄花较大、有花被片4，雌花稍小、有花被片5。蒴果绿色，有带红色的翅。花期全年。原产于巴西。我国各地均有栽培。

花繁密、花期长，常被种植于公园绿地等地方，用来布置花坛、花径等；也可以盆栽在家庭阳台用作美化装饰。抗寒性较差，容易被低温冻伤。冬季霜降期间，需要移入温室保暖，以免冻伤。

整体效果图

莲

别　名　荷花、芙蕖
科　属　莲科莲属
拉丁学名　*Nelumbo nucifera* Gaertn.

莲蓬

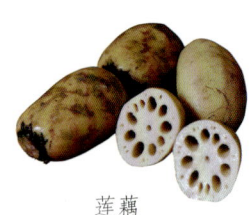

莲藕

多年生水生草本。根状茎横生，长而肥厚，有长节。叶圆形，高出水面；叶柄常有刺。花单生在花梗顶端；花瓣多数，红色、粉红色或白色；雄蕊多数，药隔先端伸出成一棒状附属物；心皮多数，离生，嵌生于花托穴内；花托于果期膨大，海绵质。坚果椭圆形，种子卵形或椭圆形。花期6—9月，果期9—10月。我国南、北各省皆有栽培。

莲是文学作品中出现最频繁的植物之一。北宋学者周敦颐作《爱莲说》，盛赞莲"出淤泥而不染，濯清涟而不妖……"，后人以莲作为高洁风格的象征。此外，莲也是佛教植物之一，如菩萨佛像下面的莲座、案上供养的莲等。

品种：一丈青

全株

露兜草

别　　名	簕古头
科　　属	露兜树科露兜树属
拉丁学名	*Pandanus austrosinensis* T. L. Wu

叶缘具锐刺　　　　　　　　　　果实

多年生常绿草本。地下茎平卧，分枝，具多数不定根。地上茎短，不分枝。叶近革质，带状，先端渐尖成三棱形、具细齿的鞭状尾尖，基部折叠，边缘具向上的钩状锐刺。花单性，雌雄异株，雄花序由多个肉穗花序组成。聚花果圆体形、球形或近球形，由多达250余个核果组成。花期4—5月。产于广东、香港、海南、广西等省区。生于林中、溪边或路旁。现有人工栽培作园林观叶植物。

全株

粉单竹

别　　名　粉箪竹
科　　属　禾本科 簕竹属
拉丁学名　*Bambusa chungii* McClure

大型乔木状草本。竿直立，高5～10米。节间幼时被白色蜡粉；箨环稍隆起，最初在节下方密生一圈向下的棕色刺毛环，以后则渐变无毛。箨鞘早落，质薄而硬，脱落后在箨环留存一圈窄的木栓环。叶片质地较厚，披针形乃至线状披针形。花枝极细长，无叶，含4或5朵小花，花小，白色。颖果呈卵形。笋期5—7月。华南特产，分布湖南、福建、广东、广西。

竹材韧性强，节间长，节平，适合劈篾编织精巧竹器，绞制竹绳等，是两广主要篾用竹种，亦是造纸业的上等原料。

茎被白粉

叶

竹林

全株作地被植物

地毯草

别名 大叶油草
科属 禾本科地毯草属
拉丁学名 *Axonopus compressus* (Sw.) P. Beauv.

地毯草属Axonopus是希腊语axon（轴）+pous（足）的意思。

多年生草本。具长匍匐枝，高约50厘米。叶片扁平，线状长圆形，质地柔薄，两面无毛或上面被柔毛。总状花序2~5枚，疏生柔毛，单生；小穗贴向穗轴，第一小花仅存外稃，第二小花两性，花小，淡黄色。花期、果期春夏。原产于热带美洲。我国台湾、广东、广西、云南、香港、澳门有栽培并有逸生。

该种的匍匐枝蔓延迅速，每节上都生根和抽出新植株，植物体平铺地面成毯状，故称"地毯草"，为铺建草坪的草种。根有固土作用，是良好的保土植物。

花序

风车草

别　名　轮伞莎草、旱伞草
科　属　莎草科莎草属
拉丁学名　*Cyperus involucratus* Rottb.

全株

叶

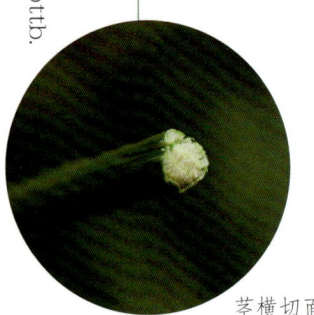
茎横切面

花

多年生草本。株高30～150厘米。茎稍粗壮，近圆柱状。叶鞘棕色抱茎。苞片条形，20枚，辐射展开；长侧枝聚伞花序，小穗密集于第二次辐射枝上端，椭圆形或长圆状披针形，压扁，具6～26朵花，白色或黄褐色。小坚果椭圆形，近三棱形，褐色。花期、果期全年。原产于非洲东部和亚洲西南部（阿拉伯半岛）。我国台湾、福建、广东、香港、澳门、广西、湖南和云南均有栽培或逸生。

株形美观，园林中常用于水体浅水外绿化，也可以配植于假山石隙等处。

附生在大树上的巢蕨

叶片

巢蕨

别名 鸟巢蕨、山苏花
科属 铁角蕨科巢蕨属
拉丁学名 *Asplenium nidus* L.

草本。植株高1～1.2米。根状茎直立,粗短。叶簇生;叶片阔披针形,叶边全缘并有软骨质的狭边,干后反卷;叶厚纸质或薄革质,两面均无毛。孢子囊群线形,长3～5厘米,生于小脉的上侧,自小脉基部外行约达1/2,彼此接近,叶片下部通常不育;囊群盖线形,浅棕色,厚膜质,全缘,宿存。产于我国华南和西南,也分布于东南亚、大洋洲热带地区及东非、日本南部。成大丛附生于雨林中树干上或岩石上。常见栽培。

株形美观,适合荫蔽的路边、林下或附石、附树栽培观赏,也可以盆栽用于室内装饰。

叶背后的孢子囊群

全株

如肾形的孢子囊群

草本。匍匐茎上生有近圆形的块茎,直径1～1.5厘米。叶簇生;叶片线状披针形或狭披针形,一回羽状,羽状多数,45～120对,互生,披针形,叶缘有疏浅的钝锯齿,叶坚草质或草质,光滑。孢子囊群成1行位于主脉两侧,肾形,少有圆肾形或近圆形;囊群盖肾形,褐棕色。分布华东、华南、西南。生溪边林下。广布于热带及亚热带地区。华南地区有栽培,作观叶植物。

孢子　　　　　　块茎球形

肾蕨

别　名　石黄皮
科　属　肾蕨科肾蕨属
拉丁学名　*Nephrolepis cordifolia* (L.) C. Presl

叶

其块茎外形与芸香科的黄皮相似，又喜生长在林下石隙中，故名"石黄皮"。块茎富含淀粉，可食，亦可供药用，有止咳祛痰、治疗咽喉肿痛等功效。民间常用块茎洗干净后炖瘦肉汤，作药膳汤服用。

全株

藤本

TENGBEN

草木南粤（园林篇）

全株

果实

鸡蛋果

别　名　百香果
科　属　西番莲科 西番莲属
拉丁学名　*Passiflora edulis* Sims

西番莲属Passiflora是拉丁语passio（苦难）+flos（花），指花开放后呈十字形。

多年生藤本。叶薄革质，掌状3深裂；叶柄上端有2个腺体。聚伞花序，单生于叶腋，两性；苞片3，叶状；萼片5，背顶有一角状体；花瓣5，与萼片近等长；副花冠由许多丝状体组成3轮排列，下部紫色，上部白色；雄蕊5，花丝合生；花柱3。浆果卵形，熟时紫色；种子极多。花期6月，果期11月。原产于南美洲。我国台湾、福建、广东、香港、澳门、广西、云南均广为栽培。

果实卵形，形如鸡蛋，果汁像蛋黄，所以得名"鸡蛋果"。取果瓤，加入蜂蜜，凉开水搅拌均匀，放冰箱冷冻后饮用，酸甜可口，为夏日消暑的健康饮料。

花

种子

果实

叶柄上的腺体

全株

炮仗花

别名：黄鳝藤、鞭炮花
科属：紫葳科炮仗藤属
拉丁学名：*Pyrostegia venusta* (Ker Gawl.) Miers

花序

叶

卷须

花

炮仗藤属Pyrostegia是希腊语pyr（火）+ stege（盖子）的意思，指唇瓣的上部红色。

木质藤本。具有3叉丝状卷须。叶对生；小叶2~3枚，卵形，两面无毛，全缘。圆锥花序；花萼钟状；花冠筒状，橙红色；裂片5，长椭圆形，花蕾时镊合状排列，花开放后反折，边缘被白色短柔毛。雄蕊4，着生于花冠筒中部，二强雄蕊；花药叉开。蒴果未见。花期1—6月。原产于巴西。热带地区广为栽培。我国台湾、福建、广东、海南、香港、澳门、广西、云南普遍栽培。

炮仗花多植于庭园建筑物的四周，攀援于凉棚上。初夏盛花期，橙红色的花朵累累成串，状如鞭炮，故名"炮仗花"。

凌霄

别　　名　苕华
科　　属　紫葳科凌霄属
拉丁学名　*Campsis grandiflora* (Thumb.) K.Schum.

花和果实

　　凌霄属Campsis 源自希腊语kampsis（弯曲），指茎弯曲。

　　木质藤本。茎木质，表皮脱落，枯褐色，以气生根攀附于他物之上。叶对生，为奇数羽状复叶；小叶7~9枚，卵形至卵状披针形，两侧不等大，两面无毛，边缘有粗锯齿。圆锥花序；花萼钟状；花冠内面鲜红色，外面橙黄色，裂片半圆形。蒴果顶端钝。花期5—8月。主产于我国中部，全国各地常有栽培。花鲜艳夺目，花期长，可以攀援墙体、山石、枯树、棚架或者花廊。

　　女诗人舒婷在《致橡树》中写道："我如果爱你，绝不像攀援的凌霄花，借你的高枝炫耀自己……"从植物进化的角度来说，凌霄这类藤类，它们的祖先选择了这条路，也只能想尽办法去适应并且生存繁衍，所以，攀附在固定物上亦无可厚非。

花

全株

蒜香藤

别　名　张氏紫葳、紫铃藤
科　属　紫葳科蒜香藤属
拉丁学名　*Mansoa alliacea* (Lam.) A.H.Gentry

攀援藤本。全株无毛。三出复叶对生，小叶片革质，长圆形或椭圆形，全缘。聚伞圆锥花序，有花8～10朵；花萼杯状；花冠筒白色，檐部紫红色，裂片5，近圆形。蒴果条形，扁平；种子近圆形，扁平，两端具膜质翅。花期5—11月，果期9月至翌年1月。原产于南美洲。华南地区亦有野生分布，多见园林栽培。

生性强健，病虫害少。花初开为紫色，后渐渐变为淡紫色至白色。叶揉搓有蒜香味，故名"蒜香藤"。开花繁茂，花色艳丽，适合公园、绿地或庭园用于棚架、绿篱垂直绿化；也可以修建成灌木状种植于路边、墙边供观赏。

花

全株

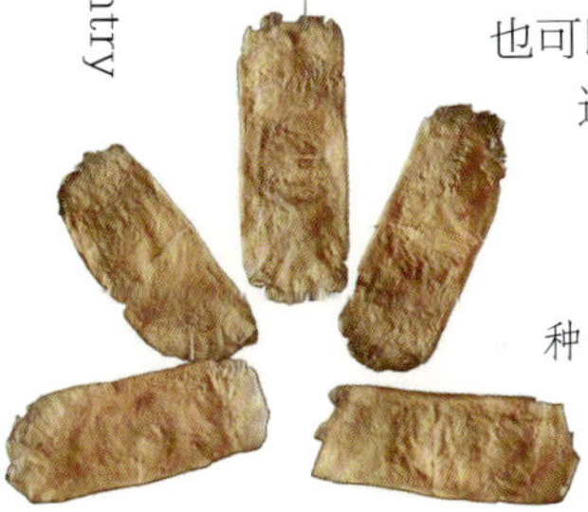

种子

果实

全株

果实和种子

山牵牛

别　名　大花老鸦嘴、大花邓伯花
科　属　爵床科山牵牛属
拉丁学名　*Thunbergia grandiflora* (Roxb. ex Rottl.) Roxb.

果实

花

山牵牛属Thunbergia是源于瑞典植物学家Karl Pehr Thunberg（1743—1822）的名字。

大藤本。叶宽卵形，边浅波状至有浅裂片，两面被毛。花1~2朵生叶腋或成下垂总状花序；小苞片2，初合生，后一侧开裂似成佛焰苞状，有微毛；花萼退化仅存一边圈；花冠蓝色、淡黄色或外面近白色，裂片扩展。蒴果，下部近球形，上部具长喙，开裂时似乌鸦嘴。花期7—10月，果期8—11月。原产于中南半岛至印度。热带地区广泛栽培或逸生。华南有栽培或逸生。

山牵牛的蒴果长约3厘米，下部近球形，上部具长喙，成熟时开裂似乌鸦嘴，所以，别名也叫作"大花老鸦嘴"。花期长，适合做公园、小区、植物园等大型棚架上的攀援观赏植物材料。

异叶地锦

别　名	异叶爬山虎、上树蛇
科　属	葡萄科地锦属
拉丁学名	*Parthenocissus dalzielii* Gagnep.

植株

果实

落叶攀援木质藤本。卷须与叶对生，顶端嫩时膨大呈圆珠形，后遇附着物扩大呈吸盘状。两型叶：着生在短枝上常为3小叶，中央小叶长椭圆形，侧生小叶卵椭圆形；较小的单叶常着生在长枝上。多歧聚伞花序；花瓣4，淡黄色，倒卵椭圆形，无毛；雄蕊5。浆果球形，成熟时紫黑色。花期5—7月，果期7—11月。分布于华南、西南、华东、华中。生山崖陡壁、山坡或山谷林中或灌丛岩石缝中。华南地区常用作城市垂直绿化，用于墙壁、桥墩、山石等的垂直绿化。

异叶地锦的意思包括二层：首先，"异叶"是叶二型，有单叶和3小叶；其次，"地"者为匍匐攀援状，"锦"者意思色彩绚丽。当冬天气温下降，叶片颜色将慢慢地变成色彩层次渐变丰富的淡黄色、橙色乃至深红色，夹杂着绿叶，远远看过去，色彩斑斓犹如一幅画，不失为优美的观叶植物。

吸盘

冬天叶片变红色

全株

花

紫藤

别名 紫藤萝
科属 豆科紫藤属
拉丁学名 *Wisteria sinensis* (Sims) Sweet

紫藤属Wisteria是源于美国植物解剖学教授Casper Wister（1761—1818）的名字。

落叶缠绕大藤木。茎左旋性，长可达18～30米。叶纸质，奇数羽状复叶互生，小叶7～13，卵状长椭圆形；成熟叶无毛或近无毛。花蝶形，紫色，芳香；成下垂总状花序。荚果长条形，密生黄色绒毛，悬垂枝上不脱落，有种子1～3颗；种子褐色，圆形，扁平。花期3—5月，果期9—10月。分布于黄河流域以南各省。栽培或野生。世界各地广为栽培。

紫藤繁花浓荫，十分美丽，荚果悬垂，为良好的棚荫材料。豆荚、种子和茎皮有毒。

荚果

全株

红萼龙吐珠

别　名　红萼珍珠宝莲
科　属　马鞭草科大青属
拉丁学名　*Clerodendrum speciosum* W.Bull

　　常绿木质藤本。叶对生，纸质，具柄，卵状椭圆形，全缘，先端渐尖，基部近圆形。聚伞形花序腋生或顶生，花冠红色，花萼红色；雌蕊、雄蕊细长，伸出花冠外面。核果球形。花期全年。原产非洲。我国华南地区常见栽培。

　　花形奇特，极具观赏性，适合棚架、绿廊、花架、花台栽培，可盆栽观赏，也可以整形成灌木状种植于路边、山石边或庭院欣赏。

果实

花枝

叶

麒麟叶

别　　名　百足藤、爬树龙、飞天蜈蚣
科　　属　天南星科麒麟叶属
拉丁学名　*Epipremnum pinnatum* (L.) Engl.

气生根

叶

　　麒麟叶属Epipremnum 是希腊语epi（在…上面）+premnon（树干），指本属植物常附生在树干上。

　　攀援藤本。植株长可达15米。茎圆柱形，粗壮，多分枝；气生根具发达的皮孔，平伸，紧贴于树皮或石面上。叶柄上部有膨大关节；叶片薄革质，幼叶狭披针形或披针状长圆形，成熟叶则为宽的长圆形；沿中肋有2行零散的小穿孔，叶片两侧不等的羽状深裂，裂片线形。佛焰苞外面绿色，内面黄色；肉穗花序圆柱形。浆果绿色。花期4—6月，果期9—10月。产于台湾、广东、广西、云南。附生于热带雨林的大树上或岩壁上。华南常见栽培。

　　观叶植物，用作公园的树干、墙柱及山石立体绿化。茎叶供药用，能消肿止痛，可治跌打损伤、风湿关节、痈肿疮毒。

全株

参考资料

中国科学院中国植物志编辑委员会. 中国植物志［M］. 北京: 科学出版社, 1959–2004.

深圳市中国科学院仙湖植物园. 深圳植物志［M］. 深圳: 中国林业出版社, 2012.

邢福武, 叶华谷, 廖文波, 等. 广东植物图谱［M］. 武汉: 华中科技大学出版社, 2018.

张天麟. 园林树木1600种［M］. 北京: 中国建筑工业出版社, 2010.

刘延江. 园林观赏花卉［M］. 沈阳: 辽宁科学技术出版社, 2007.

徐晔春. 观花植物1000种图鉴［M］. 长春: 吉林科学技术出版社, 2009.

肖林, 韦桂峰, 胡韧. 广州周边常见植物识别图谱400例［M］. 北京: 中国环境出版社, 2013.

中国科学院昆明植物研究所.中国植物物种信息数据库: http://db.kib.ac.cn/eflora/View/plant/Default.aspx.

CFH自然标本馆 http://www.cfh.ac.cn/default.html

The plant list http://www.theplantlist.org/

《中国植物志》（英文版）http://foc.eflora.cn/